全国中等职业学校电工类专业通用

全国技工院校电工类专业通用（中级技能层级）

电工材料（第五版）习题册

张　伟　主编

中国劳动社会保障出版社

简　介

本习题册是全国中等职业学校电工类专业通用教材 / 全国技工院校电工类专业通用教材（中级技能层级）《电工材料（第五版）》的配套用书。习题册按照教材章节编排，内容紧扣教材的教学要求，注重基础知识的巩固和基本能力的培养，知识点分布均衡，题型丰富，难易适当，有助于学生复习巩固所学知识。

本习题册由张伟任主编，叶录京任副主编，夏兆纪、夏洪雷、刘泽宇、叶庆龙参加编写。

图书在版编目（CIP）数据

电工材料（第五版）习题册 / 张伟主编 . -- 北京：中国劳动社会保障出版社，2020

全国中等职业学校电工类专业通用　全国技工院校电工类专业通用 . 中级技能层级

ISBN 978-7-5167-4791-9

Ⅰ. ①电…　Ⅱ. ①张…　Ⅲ. ①电工材料 – 中等专业学校 – 习题集　Ⅳ. ①TM2-44

中国版本图书馆 CIP 数据核字（2020）第 223327 号

中国劳动社会保障出版社出版发行

（北京市惠新东街 1 号　邮政编码：100029）

*

北京鑫海金澳胶印有限公司印刷装订　新华书店经销

787 毫米 × 1092 毫米　16 开本　6.75 印张　143 千字

2020 年 12 月第 1 版　　2025 年 2 月第 6 次印刷

定价：14.00 元

营销中心电话：400-606-6496

出版社网址：http://www.class.com.cn

http://jg.class.com.cn

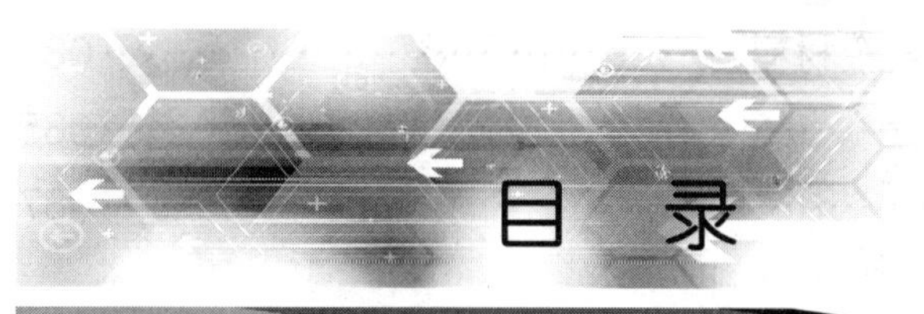

目 录

第一章 绝缘材料

第二章 普通导电材料

第三章 特殊功能导电材料

第四章　磁 性 材 料

第五章　其他电工材料

第一章 绝缘材料

§1-1 绝缘材料的作用及产品型号的编制

一、填空题

1. 在工程应用中，将电阻率大于________Ω · m 的绝缘物质所组成的材料称为绝缘材料。

2. 绝缘材料按物理特征分为________绝缘材料、________绝缘材料和半固体、固体绝缘材料。

3. 绝缘材料可以让导电体与其他部分互相________，使电流按指定线路流动。

4. 绝缘材料可以把不同________的导体分隔开来。

5. 电气绝缘材料产品可以按__________、小类、________指数及品种的差异分类。

6. 电气绝缘材料的基本分类单元为________，同一品种产品的组成基本相同。

二、判断题

1. 有的物质的导电性能在一定条件下会相互转化。 ( )

2. 在不同的电工产品中，绝缘材料起着散热、冷却、灭弧、防潮、防霉、防腐蚀、防辐射、防电晕及机械支撑、固定导体、保护导体等作用。 ( )

3. 绝缘材料不能用来改善高压电场中的电位梯度。 ( )

4. 电气绝缘材料产品按形态结构、组成或生产工艺特征划分为八大类，用一位阿拉伯数字来表示。 ( )

5. 各大类电气绝缘材料产品中，按应用范围、应用工艺特征或组成划分小类，用一位阿拉伯数字表示。 ( )

6. 电气绝缘材料按产品大类、小类名称命名，允许在此基础上加上能反映该产品主要组成、工艺特征、特性或特定应用范围的修饰语。 ( )

三、选择题

1. 在下列绝缘材料中，( ) 不属于气体绝缘材料。

A. 空气　　B. 六氟化硫（SF_6）

C. 氮气　　D. 绝缘漆

2. 在下列绝缘材料中，( ) 不属于液体绝缘材料。

A. 变压器油　　B. 断油器油

C. 液态氮气　　D. 电缆油

3. 在下列绝缘材料中，( ) 不属于半固体、固体绝缘材料。

A．绝缘纤维制品　　B．浸渍纤维制品
C．塑料、陶瓷、橡胶　　D．固体二氧化碳

4．在下列绝缘材料中，(　　)属于无机绝缘材料。

A．云母　　B．橡胶　　C．棉纱　　D．人造丝

5．大类代号在产品型号中为型号的第(　　)位数字。

A．一　　B．二　　C．三　　D．四

6．小类代号在产品型号中为型号的第(　　)位数字。

A．一　　B．二　　C．三　　D．四

7．绝缘材料的产品型号一般用(　　)位数字表示，必要时可增加第五位和附加数字或字母。

A．一　　B．二　　C．三　　D．四

8．对允许不按温度指数分类的电气绝缘材料，产品型号用(　　)位阿拉伯数字来编制。

A．二　　B．三　　C．四　　D．五

9．在云母制品中，在其型号后附加阿拉伯数字“1”为(　　)。

A．白云母制品　　B．粉云母制品
C．金云母制品　　D．金粉云母制品

10．对“1032三聚氰胺醇酸浸渍漆”，下列表述中正确的是(　　)。

A．属于有溶剂浸渍漆类，温度指数不低于130 ℃
B．属于无溶剂浸渍漆类，温度指数不低于130 ℃
C．属于有溶剂浸渍漆类，温度指数不低于180 ℃
D．属于无溶剂浸渍漆类，温度指数不低于180 ℃

四、简答题

1．图1–1所示软电缆中，聚氯乙烯绝缘层的主要作用是什么？

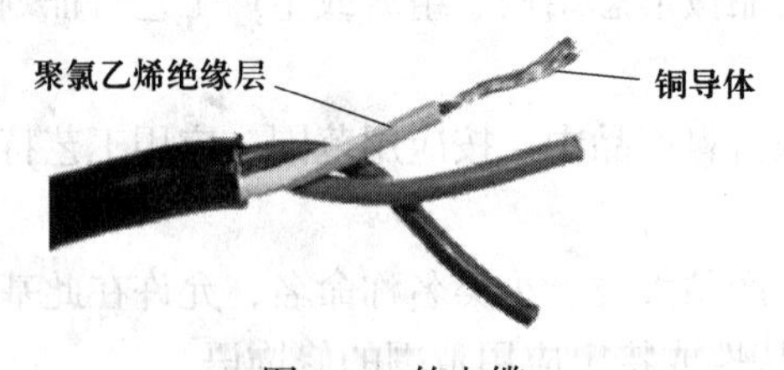

图1–1　软电缆

2．图 1–2 所示为瓷底胶盖闸刀开关，在该产品中瓷底和胶盖的主要作用是什么？

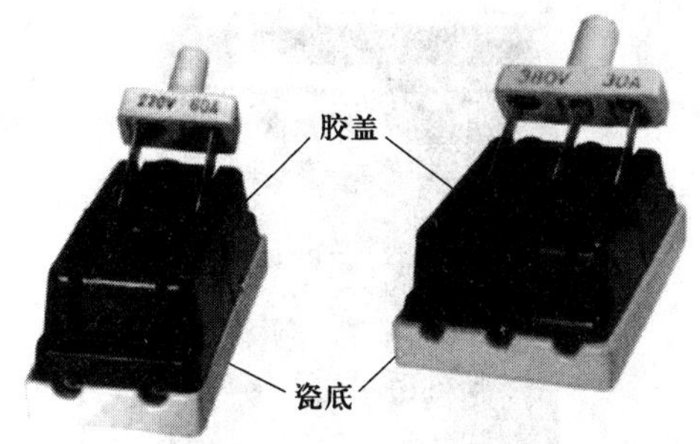

图 1–2　瓷底胶盖闸刀开关

3．绝缘材料产品按统一命名原则进行分类和型号编制，其具体方法是什么？

4．电气绝缘材料产品按形态结构、组成或生产工艺特征划分为哪八大类？

5．漆、可聚合树脂及胶类，按其使用范围、应用工艺特征或组成划分为哪几小类？

6．温度指数代号应符合什么规定？

7. 识读图 1–3 所示的亚胺环氧绝缘漆的型号。

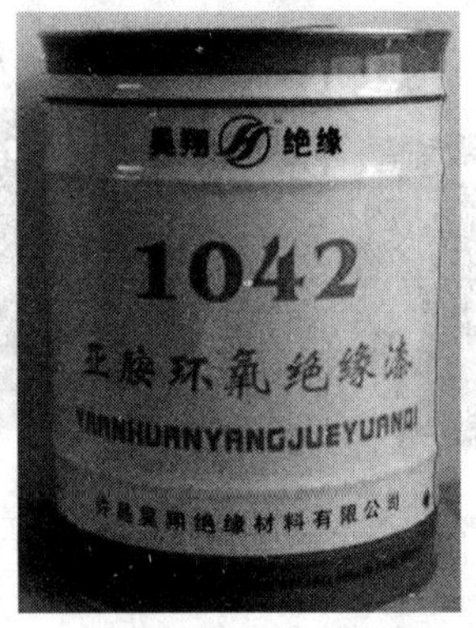

图 1–3　亚胺环氧绝缘漆

§ 1–2　绝缘材料的基本性能

一、填空题

1. 绝缘材料的__________、__________和使用寿命比一般金属材料低，是电工产品的薄弱环节，是诱发电气故障的主要因素。

2. 电介质的电气性能主要是指绝缘材料在外加电场的作用下产生__________、__________、损耗、________和老化等现象。

3. 电导是衡量材料________能力的物理量。

4. 在电气工程中，用________（γ）来表征电导的大小，其倒数被称为________（ρ）。

5. 固体电介质的电导可分为__________电导和__________电导两类。

6. 影响绝缘材料电导率的主要因素有__________、__________和湿度等。

7. 工程上所指的绝缘电阻，可直接用电介质的________电阻表示。

8. 在电气工程中，可通过测定电气设备受潮前后________系数的变化来判断材料的受潮程度，并确定其绝缘性能，以此可决定电气设备是否需要进行__________处理。

9. 在电工材料中，用介质__________正切（$\tan\delta$）来表征介质损耗的大小，并以此判断电介质的品质。

10. 使电介质发生击穿时的最低电压称为______电压。此时的电场强度为电介质的______强度，也称绝缘强度。

11. 电介质主要有______击穿、______击穿和放电击穿三种击穿形式。

12. 影响气体绝缘材料击穿的主要因素是______，工程上常采用高______或高

______的方法来提高气体绝缘材料的击穿强度。

13．影响液体绝缘材料击穿的主要因素是______。工程上对液体绝缘的______、______、脱气非常重要。

14．电介质的老化主要有环境老化、______老化和______老化三种类型。其中，______老化多见于低压电器，______老化多见于高压电器。

15．绝缘材料的力学性能主要包括________和抗拉强度、抗压强度、抗弯强度等。

16．在电气工程中，电动机、变压器等电气设备及其元器件的绝缘等级是指其所用绝缘材料的________等级。

二、判断题

1．绝缘材料是在允许电压下不导电的材料，但不是绝对不导电的材料。（ ）

2．在正常情况下，电介质的导电机理与金属材料的导电机理相同。（ ）

3．固体电介质表面越脏，吸收水分越多，表面电导就越大。（ ）

4．绝缘电阻取决于表面电阻和体积电阻。（ ）

5．在电气工程中，可用绝缘电阻的大小来判断绝缘材料性能的优劣。（ ）

6．多层组合绝缘材料电压的分配与各层材料的电阻率无关。（ ）

7．气泡对绝缘材料的性能影响极大，在固体介质中存在气泡是有害的。（ ）

8．电介质中的能量损耗不会使电介质发热。（ ）

9．介质损耗角正切也称介损因数，是指电介质在交流电压作用下的有功功率与无功功率的比值。（ ）

10．可以根据 $\tan\delta$ 值的大小或 $\tan\delta$ 值随电压的变化情况来判断绝缘是否受潮或有气泡存在。（ ）

11．气体绝缘材料的击穿一般是由热击穿引起的。（ ）

12．绝缘材料严重老化会引起电气事故。（ ）

13．阳光中的红外线是产生环境老化的主要因素。（ ）

14．绝缘材料一旦发生老化，其绝缘性能将永远丧失，不可恢复。（ ）

15．选用绝缘材料时，一般要求其具有较高的熔点或软化点，以保证绝缘结构的强度和硬度。（ ）

三、选择题

1．电介质并不是绝对不导电的，在外加电压的作用下，电介质中有微小的电流通过，这一物理现象称为（ ）。

A．电导 B．极化 C．损耗 D．击穿

2．流过电介质的电流是电介质自身的离子或外来杂质的离子定向移动形成的，（ ），近乎不导电。

A．电导小，导电能力弱 B．电导大，导电能力弱

C．电导小，导电能力强 D．电导大，导电能力强

3．对绝缘材料的电导率，下列说法中错误的是（ ）。

A．绝缘材料中的杂质越多，电导率就越大

B．绝缘材料的电导率随温度的升高而增大

C．绝缘材料的电导率随环境湿度的增大而增大

D．绝缘材料的电导率都很小，受外界的影响也小

4．在电机、电器等电气产品的结构中，由于不同绝缘材料的混合使用，会影响电气产品中绝缘系统电场强度分布的均衡性，从而降低系统的绝缘能力。下列说法中错误的是（　　）。

A．介电系数小的材料承受较大的电场强度

B．介电系数大的材料承受较小的电场强度

C．在电气工程设计中应注意各种材料 ε_γ 值的配合，使电场强度均匀分布

D．绝缘系统电场强度分布的不均衡性，能提高系统的绝缘能力

5．工程上一般用（　　）来表征介质极化程度。

A．介电系数（ε）　　B．相对介电系数（ε_γ）

C．绝缘电阻值　　D．介质损耗角正切

6．介质损耗大、结构不均匀的固体介质容易产生（　　）击穿。

A．电　　B．热　　C．放电　　D．电、热和放电

7．图 1–4 所示为电解电容器，其在使用时所承受的电压不得超过（　　）V。

图 1–4　电解电容器

A．33　　B．450　　C．220　　D．380

8．（　　）是液体绝缘材料和各种绝缘漆、胶类材料的重要性能指标之一。

A．黏度　　B．熔点　　C．吸水性　　D．灰分

9．下列防老化措施中，叙述不正确的是（　　）。

A．在制作绝缘材料的过程中加入防老化剂，如酚类防老化剂

B．户外用绝缘材料，可添加紫外线吸收剂

C．在湿热环境中使用的绝缘材料，可添加防霉剂

D．低压电气设备应加强防电晕、防局部放电等措施

10．下列材料中，没有显著的熔化温度的是（　　）。

A．铜、金　　B．铝、锌　　C．铁、锡　　D．玻璃、树脂

11．耐热性是指表示绝缘材料在高温作用下不改变其电气、力学、理化等特性的能力，通常用（　　）表示。

A．击穿电压　　B．绝缘等级　　C．绝缘电阻　　D．介质损耗角正切

12．耐热等级为“H（原标志）”的绝缘材料的最高允许工作温度为（　　）℃。

A．90　　B．120　　C．130　　D．180

13．某种液体在相同温度下与水黏度的比值称为（　　）。

A．绝对黏度　　B．动力黏度　　C．相对黏度　　D．运动黏度

14．绝缘材料的最高允许工作温度取决于其（　　），如果绝缘材料的工作温度超过其最高允许工作温度，则绝缘老化加快，使用寿命会大大缩短。

A．耐热性　　B．硬度　　C．物理性能　　D．化学性能

15．最高允许工作温度通常是指绝缘材料能在（　　）年内保持所必需的理化性能、力学性能和电气性能而不致发生显著劣变的温度。

A．1 ~ 5　　B．5 ~ 10　　C．15 ~ 20　　D．50 ~ 100

16．选用绝缘材料时，必须根据设备的（　　）选用相应等级的绝缘材料。

A．额定电压　　B．熔点

C．介质损耗角正切　　D．最高允许工作温度

17．（　　）是指材料由固体状态转变为液体状态的温度值。

A．熔点　　B．软化点　　C．燃点　　D．沸点

18．在外加电场的作用下，电介质中的带电离子有规律地定向移动，形成电流，这一物理现象称为（　　）。

A．电导　　B．极化　　C．击穿　　D．老化

19．（　　）是指材料由固体状态逐渐转变为液体状态时开始变软的温度值。

A．熔点　　B．软化点　　C．燃点　　D．沸点

20．耐热等级“155”对应耐热等级（　　）级（原标志）。

A．A　　B．B　　C．E　　D．F

四、简答题

1．电介质的导电机理与金属材料的导电机理有什么区别？

2．电机和电线的绝缘材料为什么要尽量选择 ε_{γ} 小的材料？

3．为什么要求各复合绝缘材料的 ε_{γ} 值尽可能接近？

4．为什么要尽量降低绝缘材料的介质损耗？

5．什么是击穿？

6．什么是老化？

7．绝缘材料的物理性能主要涉及材料的哪些性能？

8．识读图 1–5 所示的三相异步电动机铭牌，说明其绝缘等级及含义。

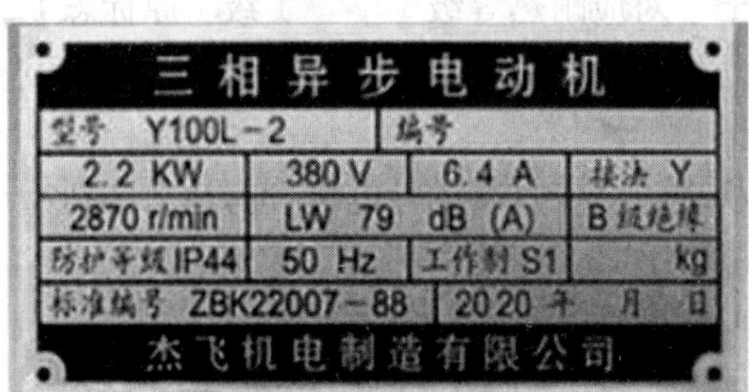

图 1–5　三相异步电动机铭牌

§1–3　气体绝缘材料

一、填空题

1．常温常压下，干燥的气体具有____________的绝缘性能，在一些特殊场合，还同时具有________、____________和保护等作用。

2. 气体绝缘材料主要以________为主，除此之外，常用的还有六氟化硫（SF_6）、氮气和二氧化碳等。

3. 随着高________、高________技术的发展，气体绝缘材料的绝缘强度也随之提高。

4. 压缩空气常用作断路器的________和________介质。

5. 真空绝缘常用于________开关、各种电子管及真空电容器等。

6. 气体的纯度对其______性能和______性能有很大的影响，必须严格控制。

7. 在绝缘气体中，空气中的氧气有______作用，氢气是易______、易______气体，使用时要采取安全措施。

8. 工程上一般采用加热器加热的方法来防止绝缘气体的______。

9. 六氟化硫的绝缘强度高，用其绝缘的电气设备的体积小，占空少，适用于全封闭组合电器、充气管路电缆、__________、避雷器和__________等电气设备。

二、判断题

1. 气体绝缘材料击穿后能够自恢复，不存在老化现象。（　　）

2. 真空是一种理想的绝缘材料。（　　）

3. 六氟化硫可与氢气混合使用，但不能与二氧化碳混合使用。（　　）

4. 对需要接触六氟化硫气体的人员应采取可靠的劳动保护措施，工作现场要强力通风。（　　）

5. 在应用六氟化硫气体时，除严格控制其含水量外，还必须对接触六氟化硫气体的各部件、容器等采取防潮和除潮措施。（　　）

6. 绝缘气体在储运和使用时，必须严格按照有关气瓶安全规程进行操作。（　　）

三、选择题

1. 高压真空断路器采用（　　）的方法来提高其击穿电压。

A. 增加空气压力　　B. 保持一个标准大气压

C. 高真空　　D. 充入氮气

2. 对六氟化硫气体，下列叙述中不正确的是（　　）。

A. 六氟化硫气体具有良好的绝缘性能和熄灭电弧性能

B. 六氟化硫气体具有优异的热稳定性和化学稳定性

C. 在高寒地区或冬季要注意对设备中的六氟化硫气体进行保温，防止其液化

D. 六氟化硫气体的密度比空气小，不易积聚在地面附近

3. 对氮气，下列叙述中不正确的是（　　）。

A. 电工用氮气一般是纯度在 99.5% 以上的高纯氮气

B. 氮气是不活泼的中性气体

C. 氮气可在较低的温度和较高的压力下使用，其击穿强度比空气高

D. 氮气的沸点较低

4. 在 SF_6 断路器中，吸附剂要定期更换和再生处理，一般每（　　）年更换一次。

A. 1　　B. 3　　C. 5　　D. 10

四、简答题

1. 空气的主要性能有哪些？在电气设备中，空气常用于什么器件的绝缘？

2. 在真空断路器中，高真空的主要作用是什么？

3. 在电气设备中，氮气有什么作用？

§1–4　液体绝缘材料

一、填空题

1. 在电气设备中，液体绝缘材料主要起________、________、________和填充等作用。

2. 常用的液体绝缘材料主要有________绝缘油、________绝缘油和植物绝缘油三大类。

3. 常用的矿物绝缘油主要有________油、________油、电容器油和________油等。

4. 变压器油主要用于灌注________、油开关等电气设备，有________、________、消弧等作用。

5. 断路器油主要用作油断路器的________介质，起灭弧、散热和________的作用。

6. 常用的合成绝缘油有____________、________和硅油等。

7. 影响油品老化的主要因素有________、________、电场、________以及部分金属和盐类物质。其中，________和________在油的老化过程中起最主要的作用。

8. 需要补充矿物绝缘油时，所补充油的________、凝固点、________、________等主要物理性能和化学性能应与原有的油相同或相近。

9. 绝缘油的净化处理是指通过________、________等简单的物理方法除去油中的杂质，使绝缘油的耐压值、水分含量、介质损耗因数等指标达到使用要求。

10．在绝缘油的净化处理中，________过滤法的应用比较普遍。

二、判断题

1．液体绝缘材料又称绝缘油，是指常温下为液态的绝缘材料。 （ ）

2．液体绝缘材料具有良好的抗氧化性能、电气性能和润滑性能。 （ ）

3．绝缘油不能用于绝缘漆的稀释剂或成膜物。 （ ）

4．变压器油的黏度小、散热快、冷却效果好。 （ ）

5．45 号油用于寒区和严寒区。 （ ）

6．断路器油不能用变压器油代替。 （ ）

7．自容式充油电缆用油的黏度较低，用以增强散热和补给能力。 （ ）

8．硅油既是一种优良的浸渍材料，又是一种良好的抗氧化剂、脱膜剂和润滑剂。 （ ）

9．硅油可用作高温耐热电器或超小型电容器的浸渍剂。 （ ）

10．绝缘油油温升高和某些金属的催化作用，会加速油的氧化。 （ ）

三、选择题

1．矿物绝缘油在油浸变压器中主要起（ ）的作用。

A．绝缘和冷却　　B．灭弧和冷却

C．灭弧和储能　　D．填充和绝缘

2．矿物绝缘油用于少油断路器，可同时起（ ）的作用。

A．绝缘和冷却　　B．灭弧和冷却

C．灭弧和储能　　D．填充和绝缘

3．对变压器油，下列叙述中不正确的是（ ）。

A．变压器油具有比空气高得多的绝缘强度

B．绝缘材料浸在变压器油中可提高绝缘强度

C．绝缘材料浸在变压器油中可免受潮气的侵蚀

D．变压器油的比热小，不能用作冷却剂

4．25 号变压器油的凝固点不高于（ ）℃。

A．−10　　B．−25　　C．−45　　D．0

5．国产断路器油主要适用于严寒、炎热、多雨、潮湿等地区运行的（ ）kV 及以下的油断路器。

A．10　　B．110　　C．220　　D．330

6．在多油断路器中，用变压器油代替了断路器油。气温在 −20 ℃以下地区，应选用（ ）号变压器油。

A．10　　B．25　　C．45　　D．以上均可

7．绝缘油用于高压充油电缆的（ ），能消除电缆内部的空气和气隙，提高电缆的绝缘能力和散热能力。

A．绝缘和冷却　　B．浸渍和填充　　C．灭弧和储能　　D．填充和传热

8．黏性电缆油的黏度大，在电缆工作温度范围内不流动或基本不流动，常用于（ ）kV 及以下电缆的浸渍剂。

A．10　　B．25　　C．35　　D．100

9．聚异丁烯主要用作（　　）。

A．电力变压器用油　　B．断路器用油

C．自容式充油电缆用油　　D．电容器和电缆的浸渍剂

10．对矿物绝缘油，下列叙述中不正确的是（　　）。

A．预防矿物绝缘油老化的主要措施有加强散热以降低油温、用氮气或薄膜使绝缘油与空气隔绝、添加抗氧化剂和采用热虹吸过滤器使油再生等

B．为保证充油电气设备的安全运行，必须经常对绝缘油的性能进行检查与测定，如检查油的温升、油面高度、闪点、酸值、击穿强度和介质损耗角正切值等

C．在运行中一旦发现绝缘油不符合标准，需对其进行净化和再生处理

D．补充绝缘油时，无须进行混合试验

11．（　　）是指利用油泵压滤机强迫将油品通过具有吸附和过滤作用的滤纸或其他滤料，以除去油品中的水分和其他杂质的过滤方法。

A．压力过滤法　　B．电净化法　　C．真空法　　D．离心分离法

四、简答题

1．矿物绝缘油主要用于什么电气设备？

2．变压器油在变压器中如何散热？

3．变压器油在油断路器中如何消弧？

4．普通变压器油按低温性能分为哪三个牌号？超高压变压器油按低温性能分为哪两个牌号？

§1-5 绝缘浸渍材料

一、填空题

1. 绝缘浸渍材料是以＿＿＿＿＿为基础，能在一定条件下固化成绝缘膜或绝缘整体的＿＿＿＿绝缘材料。常用的绝缘浸渍材料主要有绝缘树脂、＿＿＿＿、＿＿＿＿和熔敷绝缘粉等。

2. 树脂是制造＿＿＿＿的主要原料，也用于制作涂料、＿＿＿＿、＿＿＿＿材料等。

3. 树脂按来源分为＿＿＿＿树脂和＿＿＿＿树脂；按加工特点分为＿＿＿＿树脂和＿＿＿＿树脂。

4. 合成树脂是＿＿＿＿＿的主要成分，也是制造＿＿＿＿、＿＿＿＿、胶黏剂、绝缘材料等的基础原料，具有优良的＿＿＿＿性能、力学性能和＿＿＿＿＿性能。

5. 溶剂通常具有比较低的＿＿＿＿＿且容易挥发，不能对＿＿＿＿产生化学反应。

6. 按基本组成中有无挥发性惰性溶剂，浸渍漆分为＿＿＿＿＿浸渍漆和＿＿＿＿＿浸渍漆两大类。

7. 有溶剂浸渍漆的品种很多，但以＿＿＿＿＿漆和＿＿＿＿＿漆的应用最为广泛。

8. 常用的无溶剂浸渍漆主要有＿＿＿＿型、＿＿＿＿型和＿＿＿＿＿型三类。

9. 无溶剂浸渍漆可采用＿＿＿＿＿、＿＿＿＿＿、＿＿＿＿等方法浸渍。

10. 活性稀释剂是一种低分子、低＿＿＿＿，能参与交联固化成膜的＿＿＿＿＿。

11. 漆包线漆主要用于导线的＿＿＿＿绝缘。我国＿＿＿＿漆包线漆用量最大，其次是＿＿＿＿漆包线漆。

12. 覆盖漆按漆基的树脂类型可分为＿＿＿＿漆、＿＿＿＿漆和有机硅漆；按是否含有填料或颜料可分为＿＿＿＿＿和＿＿＿＿＿；按干燥方式可分为＿＿＿＿＿漆和＿＿＿＿＿漆。

13. 按电阻率大小，防电晕漆可分为＿＿＿＿＿漆和＿＿＿＿＿漆两大类。

14. 绝缘胶可分为＿＿＿＿＿胶、浇注胶、＿＿＿＿胶等类型。浇注胶按用途不同可分为＿＿＿浇注胶和＿＿＿＿浇注胶。

15. 电器浇注胶由浇注胶用＿＿＿＿、环氧树脂＿＿＿＿＿和其他添加剂配制而成。

16. 硼胺络合物是一种广泛应用的潜伏性＿＿＿＿剂，可延长胶的使用寿命。

17. 在胶中添加适量的＿＿＿＿剂可以降低脆性，提高抗弯强度和抗冲击强度。

18. 常用的浇注胶主要有＿＿＿＿类、＿＿＿＿＿类、＿＿＿＿＿＿类和有机硅类等。其中，我国以＿＿＿＿类为主，其他用得较少。

19. 常用的电缆浇注胶主要有＿＿＿＿型、＿＿＿＿型和＿＿＿＿＿＿＿型三类。

二、判断题

1. 树脂是对具有可塑性高分子化合物的统称，一般为膏状液体。（　　）

2. 溶剂是一种可以溶解固体、液体或气体溶质的液体。（　　）

3. 热塑性树脂的优点是加工成型简便，具有较好的力学性能，但耐热性和刚性

较差。 (　　)

4．热固性树脂的优点是耐热性好，受压不易变形，但力学性能较差。 (　　)

5．玻璃钢一般用热塑性树脂制作。 (　　)

6．按化学组成不同，溶剂分为有机溶剂和无机溶剂，其中无机溶剂的应用最为广泛。 (　　)

7．制造绝缘漆布和漆纸的漆不属于浸渍漆。 (　　)

8．浸渍漆的黏度低，流动性好，固体含量高，便于渗透和填充被浸渍物。(　　)

9．有溶剂浸渍漆的工艺过程一般采用多次浸渍、烘焙和逐步升温的方式，以避免溶剂挥发过快而使漆膜形成针孔或气孔。 (　　)

10．沉浸法的浸渍设备比较简单，无溶剂浸渍漆与有溶剂浸渍漆均适用。(　　)

11．滴浸法要求漆固化快，挥发物少。 (　　)

12．无溶剂环氧树脂的活性稀释剂具有稀释能力强、挥发性少等特点，使用范围较广。 (　　)

13．绝缘胶与无溶剂浸渍漆相似，但黏度较大，一般加有填料。 (　　)

14．高电阻防电晕漆用于大型高压电机槽部涂层。 (　　)

15．熔敷绝缘粉是由合成树脂、固化剂、填料、增塑剂、颜料等配制而成的一种粉末状绝缘材料。 (　　)

三、选择题

1．对绝缘树脂，下列叙述中不正确的是（　　）。

A．用于配制绝缘漆、绝缘胶、熔敷绝缘粉等绝缘材料

B．用于制作云母、层压、塑料制品和电工金属零部件等材料的黏合剂

C．用于制造电缆、电线的外包绝缘或电器开关、无线电元件等的铸型绝缘结构

D．绝缘树脂属于无机物

2．对天然树脂，下列叙述中不正确的是（　　）。

A．虫胶可用于制作清漆、胶黏剂、绝缘材料和模铸材料等

B．松香适用于制作油漆、复合胶等

C．松香、电木以及其他人造树脂相混合可用于制作绝缘清漆

D．松香可用于配制绝缘漆干燥剂

3．下列不属于合成树脂的是（　　）。

A．酚醛树脂　　B．环氧树脂　　C．聚酯树脂　　D．松香

4．下列不属于热塑性树脂的是（　　）。

A．聚丙烯（PP）　　B．聚碳酸酯（PC）

C．尼龙（NYLON）　　D．双马来酰亚胺（BMI）

5．对绝缘漆，下列叙述中不正确的是（　　）。

A．漆基是指用来成膜的物质，在常温下其黏度很大或呈固体状

B．稀释剂实际上是比树脂便宜的无机溶剂，通常与溶剂配合使用，以降低浸渍漆的成本及挥发物的毒性

C．溶剂和稀释剂均用来溶解漆基，调和漆基的黏度和固体含量的比例

D. 溶剂和稀释剂在漆的成膜和固化过程中逐渐挥发，某些活性稀释剂因参与漆基成膜的化学反应而成为漆基的组成部分

6.（　　）适用于批量生产的微型和小型电机绕组的浸渍。

A. 沉浸法　　B. 整浸法　　C. 滴浸法　　D. 以上均可

7. 对有溶剂浸渍漆，下列叙述中不正确的是（　　）。

A. 有溶剂浸渍漆的品种很多，但以醇酸类漆和环氧类漆的应用最为广泛

B. 有溶剂浸渍漆的工艺过程一般采用多次浸渍、烘焙和逐步升温的方式，以避免溶剂挥发过快而使漆膜形成针孔或气孔

C. 有溶剂浸渍漆在高出浸渍漆工作温度 100 ℃时进行烘焙

D. 选择溶剂时，应对溶剂的溶解能力、挥发速度、毒性大小以及浸渍漆对导线或其他材料的相容性进行综合考虑

8.（　　）多用于中型高压电机整体浸渍，绝缘整体性好，可提高绝缘结构的导热、耐潮和电气性能。

A. 沉浸法　　B. 整浸法　　C. 滴浸法　　D. 以上均可

9. 对覆盖漆，下列叙述中不正确的是（　　）。

A. 环氧漆比醇酸漆具有更好的耐潮性、耐霉性、内干性和附着力

B. 环氧漆广泛用于湿热地区电机及其他电器零部件表面的涂覆

C. 有机硅漆耐热性好，可作为 180（H）级电机及其他电器的覆盖漆

D. 醇酸漆的漆膜硬度比环氧漆高

10. 对覆盖漆，下列叙述中不正确的是（　　）。

A. 覆盖漆根据是否含有填料或颜料分为清漆和瓷漆

B. 不含填料或颜料的覆盖漆称为瓷漆，否则称为清漆

C. 同一树脂的瓷漆较清漆的漆膜硬度大，导热、耐热和耐电弧性好，但其他电气性能稍差

D. 瓷漆多用于线圈和金属表面的涂覆，清漆多用于绝缘零部件表面和电器内表面的涂覆

11. 对电器浇注胶浇注的工艺要求，下列叙述中不正确的是（　　）。

A. 配制浇注胶时应充分搅拌均匀并尽可能消除气泡

B. 在浇注前模具不用预热，浇注过程中要注意排气并及时补满胶料

C. 固化成型可采用分阶段升温的工艺，保证其均匀固化，避免应力开裂，减少胶的流失

D. 脱模后浇注物要保温，使之缓慢冷却

12. 对电缆浇注胶，下列叙述中不正确的是（　　）。

A. 电缆浇注胶又称热塑性胶，可多次加热软化，耐溶剂能力很强

B. 工程上经常应用的电缆浇注胶，实际上是松香脂、沥青、环氧树脂等与其他绝缘油或填充剂混合配制而成的

C. 黄电缆胶是由甘油和松香脂溶化后加变压器油熬制而成的

D. 1811 号黑电缆胶是由石油、沥青和变压器油熬制而成的

四、简答题

1．合成树脂主要有哪几类？其中，应用最为广泛的是哪几类？

2．什么是热塑性树脂？常见的热塑性树脂有哪些？有何特性？

3．什么是热固性树脂？常见的热固性树脂有哪些？有何特性？

4．什么是绝缘漆？绝缘漆按用途分为哪几类？

5．简述浸渍漆的主要用途。

6．有溶剂浸渍漆具有什么特点？

7．无溶剂浸渍漆具有什么特点？

8．无溶剂环氧树脂漆常用的活性稀释剂有哪些？常用的非活性稀释剂有哪些？

9．漆包线漆具有什么特点？主要用途是什么？

10．常用的漆包线漆主要有哪几个品种？

11．覆盖漆具有什么特点？主要用于什么场合？

12．硅钢片漆具有什么特点？其主要用途是什么？

13．防电晕漆具有什么特点？其主要用途是什么？

14．绝缘胶具有什么特点？主要用于什么场合？

15．浇注胶用可聚合树脂主要有哪些？

16．熔敷绝缘粉涂层有何特性？主要用于什么场合？

§1–6　绝缘纤维制品

一、填空题

1．绝缘纤维制品是指由________纤维、________纤维和________纤维所制成的绝缘纸品和绝缘纤维织品等绝缘材料。

2．绝缘纸品主要是指电工用__________和__________、钢纸板等成型纸绝缘件。

3．电气工程中用的绝缘纸主要有________纤维纸、________纤维纸和聚丙烯薄膜木纤维复合纸等。

4．植物纤维纸按用途分为__________纸、____________绝缘纸、电话纸、电容器纸和卷绕纸等。

5. 聚酯纤维纸又称为________布。

6. 耐高温合成纤维纸常与________薄膜、________薄膜组合成复合制品，主要用于________级、________级电机槽绝缘和导线的换位绝缘，以及变压器的层间绝缘和匝间绝缘。

7. 金属化电缆纸、金属化电话纸和半导电纸可用作________电缆、________电缆、橡胶绝缘船用电缆等的________层。

8. 绝缘纸板有________纤维绝缘纸板和________纤维绝缘纸板两大类。

9. 合成纤维绝缘纸板主要是________纤维纸板，主要用作变压器的绝缘件。

10. 电工用绝缘纤维织品主要包括________纤维织品、________纤维织品和________纤维织品等。

11. 无机纤维包括________纤维、________纤维、石英纤维和陶瓷纤维等。

12. 电气工程中常用的合成纤维丝有________纤维丝和________纤维丝等。

二、判断题

1. 植物纤维容易吸潮且耐热性能较差。（ ）

2. 玻璃纤维是一种由玻璃制成的无机纤维。（ ）

3. 合成纤维是对用合成高分子化合物作为原料而制得的化学纤维的统称。（ ）

4. 把标准质量小于 225 kg/m^2 的绝缘纸品称为纸，把标准质量大于 225 kg/m^2 的绝缘纸品称为纸板。（ ）

5. 电话纸的颜色有本色、红、蓝、绿四种，以便于识别线芯。（ ）

6. 聚丙烯薄膜木纤维复合纸兼有纤维纸的浸渍特性和薄膜的电气、力学性能的优点，是高压充油电缆的新型绝缘材料。（ ）

7. 50/50 型绝缘纸板的木质纤维和棉纤维各占一半，具有良好的耐弯曲性和耐热性。（ ）

8. 热收缩管和压敏黏带不能代替纤维材料及其浸渍制品用于接线端的包扎绝缘。（ ）

9. 棉纤维由于耐热性差、易吸潮，已逐步被玻璃纤维和合成纤维所取代。（ ）

10. 合成纤维带的耐热性比棉布带高，但延伸率比玻璃布带小。（ ）

三、选择题

1. 聚酯纤维纸与聚酯薄膜组合成复合制品，可用于（ ）级电机槽绝缘。

A. 90（Y） B. 105（A） C. 120（E） D. 130（B）

2.（ ）主要用于 35 kV 及以下的电力电缆、控制电缆和通信电缆的绝缘。

A. 低压电缆纸 B. 高压电缆纸

C. 绝缘皱纹纸 D. 电话纸

3. 用电缆纸制成的油纸的绝缘耐热温度为（ ）℃。

A. 95 B. 105 C. 120 D. 180

4.（ ）主要用于电信电缆绝缘，也可作为云母箔的补强材料用于电机绝缘。

A. 电缆纸 B. 电话纸 C. 电容器纸 D. 卷绕纸

5.（　　）主要用于电力变压器油纸绝缘和制造绝缘管、绝缘筒等，还可用于包缠电器和无线电零部件。

A．电缆纸　　B．电话纸　　C．电容器纸　　D．卷绕纸

6．以下（　　）不属于耐高温合成纤维纸。

A．聚酯纤维（PET）　　B．聚酰胺纤维（PA）

C．芳香族聚砜酰胺纤维（PSA）　　D．聚恶二唑纤维（POD）

7．半导电纸是一种由渗有胶体（　　）的电缆纸浆抄成的纸。

A．炭粒　　B．金属粉　　C．橡胶　　D．塑料

8．植物纤维绝缘纸板可在空气中或温度不高于（　　）℃的变压器油中作为绝缘材料和保护材料。

A．90　　B．105　　C．130　　D．180

9.（　　）通常称为青壳纸或黄壳纸，可与聚酯薄膜制成复合制品，可用作 120（E）级电机槽绝缘，也可单独作为绕线绝缘保护层。

A．薄型纸板　　B．厚型纸板

C．硬钢纸板　　D．以上均可

10.（　　）又称高压消弧管，其灭弧性能优越，电气性能好，力学强度高。

A．钢纸管　　B．金属化纸管

C．玻璃钢复合钢纸管　　D．反白管

11.（　　）的化学稳定性、电绝缘性能和强度都很好，其制品应用较广，可用作电绝缘材料和复合电缆支架。

A．无碱玻璃纤维（E）　　B．中碱玻璃纤维（C）

C．高碱玻璃纤维（A）　　D．以上均可

12．对玻璃纤维制品，下列叙述中不正确的是（　　）。

A．无碱玻璃纤维纱的电气性能差，不能用于玻璃丝包线和安装线的绝缘

B．无碱玻璃纤维带使用时可经过预浸渍或直接绕包绝缘，适用作电机、电器的绑扎和绝缘材料

C．无碱玻璃布可用作玻璃漆布和层压制品的底材、云母制品和玻璃钢制品的增强材料

D．无碱玻璃绳具有较好的耐热性、绝缘性，较高的抗拉强度和极低的伸长率，适用作电器、仪表等绕组或阻丝芯子的绝缘或保温材料

四、简答题

1．什么是玻璃纤维？无碱玻璃纤维具有什么特点？

2．什么是合成纤维？合成纤维有何优点？

3．绝缘纸品具有什么特点和用途？

4．聚酯纤维纸具有什么特性？广泛用于什么场合？

5. 耐高温合成纤维纸主要有哪几种？

6．聚酰胺 6 纤维丝具有什么特点和用途？

7．聚酯纤维丝具有什么特点和用途？

8．合成纤维绳具有什么特点和用途？

§1–7 浸渍纤维制品和电工层压制品

一、填空题

1．浸渍纤维制品是以绝缘________制品为底材，浸以相应的绝缘________、绝缘________等绝缘浸渍材料制成的。

2．常用的浸渍纤维制品有绝缘________（绸）、绝缘________和绑扎带三类。

3．绝缘漆布是以________布、________布、纺绸等不同的底材浸以相应的绝缘漆，经烘干制成的__________绝缘材料。漆布按底材不同，可分为________布、________、________布、漆布箔、玻璃坯布等。

4．绝缘漆管又称绝缘套管，是用____________套管、____________套管等作为底材，浸以相应的绝缘漆经烘干制成的。

5．绑扎带又称________带、________带，是用硅烷处理的______玻璃纤维，经过整纱并浸以__________性树脂制成的半固化带状材料。

6．常用的电工层压制品有________、覆铜箔层压板、________（筒）、________、胶纸电容式套管芯等。

7．覆铜箔层压板简称层压板，是一种单面或双面覆有________的层压板，常用的主要有________覆铜箔板、______覆铜箔板和多层印制电路板等。

8．多层印制电路板是一种______密度电路板。

二、判断题

1．用漆布组成的绝缘结构，使用时要注意漆布和浸渍漆的相容性。（　　）

2．电工层压制品的性能取决于底材种类、胶黏剂的性质及成型工艺。（　　）

3．用环氧酚醛树脂制成的玻璃布层压制品具有优良的电气性能和力学性能，热变形温度较高。（　　）

4．用有机硅树脂和聚二苯醚树脂制成的玻璃布层压制品具有很高的热态力学性能、电气性能和热变形温度。（　　）

5．层压管可以加工成各种螺纹形式的绝缘结构件。（　　）

6．挠性覆铜箔板用挠性基材单面或双面覆以铜箔制成，具有轻、薄和可挠性等特点。（　　）

7．挠性聚酯薄膜覆铜箔板主要用于要求高耐焊接温度的场合。 （ ）

8．挠性聚酰亚胺覆铜箔板的价格较便宜，不耐焊。 （ ）

9．胶纸电容式套管芯的力学强度高，但其耐电晕性比油纸套管差。 （ ）

三、选择题

1．（ ）可用于工作温度为 200 ℃以上的电机槽间绝缘和端部衬垫绝缘，以及电器的线圈和衬垫绝缘。

A．油性漆布　　B．油性玻璃漆布

C．硅橡胶玻璃漆布　　D．聚酰亚胺玻璃漆布

2．对绝缘漆布，下列叙述中不正确的是（ ）。

A．经纬线垂直编织的漆布，在使用时可平行于纬线或与经线呈 45°（±2°）角切成带子

B．平行剪切的漆布延伸率较小，适用于包绕截面相同、形状规则的线棒、绕组等

C．斜切的漆布延伸率较大，包绕时应紧贴被包物，以减少褶皱和气囊，但不要用力过大，以免损伤漆布的漆膜

D．如果漆布和浸渍漆的相容性选择不当，在浸渍处理过程中会发生漆布表面的漆膜膨胀或脱落的现象

3．玻璃漆布一般按（ ）角斜切，以增加其延伸率。使用时要严防 180°折叠和对已包绕绝缘件的撞击，以免造成机械损伤，影响其性能。

A．0°（±2°）　　B．45°（±2°）

C．90°（±2°）　　D．180°（±2°）

4．（ ）具有较高的耐热、耐潮性和良好的电气性能，适于作 180（H）级电机、电器等设备的引出线和连接线绝缘。

A．油性漆管　　B．油性玻璃漆管

C．聚氨酯涤纶漆管　　D．有机硅玻璃漆管

5．下列电工层压制品的底材中，浸渍性差的是（ ）。

A．木质纤维纸　　B．棉纤维纸　　C．棉布　　D．无碱玻璃布

6．（ ）也称胶木板或电木板。

A．酚醛层压纸板　　B．环氧酚醛层压纸板

C．酚醛层压布板　　D．环氧酚醛层压布板

7．对层压玻璃布板，下列叙述中不正确的是（ ）。

A．在电气工程中，环氧酚醛层压玻璃布板和高强度环氧层压玻璃布板的应用最广

B．改性二苯醚、有机硅和聚氨酯酰亚胺等耐高温层压玻璃布板适用于高耐热等级的场合

C．三聚氰胺层压玻璃布板是层压板中最软的，但其燃烧速率低，耐电弧性好

D．不饱和聚酯层压板的耐漏电起痕性和耐电弧性能好，成本低，适用于制作开关、变压器等的绝缘结构件

四、简答题

1．纤维制品在使用前为什么一定要进行浸渍处理或脱脂加工？

2．浸渍纤维制品一般用什么作为底材？

3．浸渍纤维制品浸渍用的绝缘漆主要有哪些？

4．浸渍纤维制品具有什么特性？

5．无碱玻璃纤维套管具有什么特性？

6．绑扎带的主要用途是什么？

7. 什么是电工层压制品？其具有什么特性？广泛应用于什么场合？

8. 酚醛层压纸板具有什么特性和用途？

§1-8 电工用塑料和橡胶

一、填空题

1. 电工用塑料按照树脂类型分为电工用________性塑料和电工用________性塑料两大类。

2. 电工用热固性塑料主要有__________塑料、__________塑料、__________塑料、__________塑料和有机硅石棉塑料等。

3. 电工用氨基塑料分为__________塑料和__________塑料两大类。

4. 电工用热塑性塑料主要有电工用热塑性________塑料和电工用热塑性________塑料。

5. 电工用热塑性软塑料主要包括________（PE）、________（PVC）、________（PP）、__________和氯化聚醚等。其中，________（PE）和________（PVC）应用最广泛。

6. 通过改性，聚乙烯可制成__________聚乙烯和__________聚乙烯（XLPE）等材料。

7. 交联聚乙烯的工作温度比聚乙烯________，并有良好的__________特性和抗过载电流能力。

8. 聚氯乙烯塑料分________质聚氯乙烯塑料和________质聚氯乙烯塑料。

9. 橡胶按来源分为__________橡胶和__________橡胶两种。

10. 合成橡胶有______性合成橡胶和______性合成橡胶之分。

11. 硫化橡胶又称为________。

二、判断题

1. 合成树脂是塑料的主要成分，它决定了塑料制品的基本特性。（　　）

2. 酚醛塑料俗称“电木”，是一种硬而脆的热固性塑料。（　　）

3．热固性塑料常用的添加剂主要有固化剂、促进剂、润滑剂、颜料或染料等。（　　）

4．通用型热固性塑料适合制造低压电器、仪器仪表等的绝缘零部件。（　　）

5．脲醛塑料也称氨基膜塑料或密胺。（　　）

6．电工用以石棉、玻璃纤维为主要填料的三聚氰胺塑料具有优良的耐电弧性和耐漏电起痕性。（　　）

7．电工用聚酯塑料是由聚酯树脂与玻璃纤维或石棉制成的料团状塑料。（　　）

8．聚酰亚胺塑料、有机硅石棉塑料都属于低温塑料。（　　）

9．热塑性塑料具有随温度升高而变软、随温度降低而变硬的特点。（　　）

10．热塑性塑料具有可溶和可熔化性能，可以多次反复成型。（　　）

11．泡沫聚乙烯可用作通信电缆绝缘，交联聚乙烯可用作电力电缆绝缘。（　　）

12．软质聚氯乙烯一般制成管材和板材。（　　）

13．由于聚丙烯柔韧、耐磨性能好，可用作电缆的护层。（　　）

14．聚酰胺（PA，俗称“尼龙”）有阻燃性。（　　）

15．天然橡胶通常只有经过硫化作用形成硫化橡胶之后才能使用。（　　）

16．软质聚氯乙烯塑料既能用作电线、电缆的绝缘和护套，又能用作电缆金属护套的外护层，以防止金属被腐蚀。（　　）

三、选择题

1．在电工用热固性塑料中，（　　）塑料应用较多。

A．酚醛　　B．氨基　　C．聚酯　　D．聚酰亚胺

2．（　　）塑料属于耐高温塑料。

A．酚醛　　B．氨基　　C．聚酯　　D．聚酰亚胺

3．（　　）热固性塑料适用于制造热继电器等耐热、耐水的低压电器绝缘零部件。

A．通用型　　B．耐热型　　C．电气型　　D．以上均可

4．聚氯乙烯用作绝缘时，其电压等级为（　　）V。

A．220　　B．500　　C．1 000　　D．10 000

5．对聚丙烯热塑性软塑料，下列叙述中不正确的是（　　）。

A．聚丙烯又称丙纶，是由丙烯聚合而得到的一种热塑性树脂

B．经改性后制成的泡沫聚丙烯可用作电信电缆绝缘

C．由于聚丙烯柔韧、耐磨性能好，可用作电缆的护层

D．含有大量杂质的聚丙烯可用于高频电缆的绝缘

6．对氟塑料，下列叙述中不正确的是（　　）。

A．氟塑料是部分或全部氢被氟取代的链烷烃聚合物

B．氟塑料的品种较多，其中，聚四氟乙烯的产量和用量最大

C．聚四氟乙烯具有优良的耐腐蚀和耐热性能，几乎适用于所有腐蚀性介质，有优良的电气性能、抗黏性和低摩擦因数，但加工困难

D．聚全氟乙丙烯的耐腐蚀性极好，几乎适用于所有腐蚀性介质，但抗冲击性、抗蠕变性、介电性能较差，不易加工成型

7. 对氯化聚醚塑料，下列叙述中不正确的是（ ）。

A. 氯化聚醚塑料是一种综合性能均衡且优秀的热塑性防腐蚀工程塑料

B. 氯化聚醚塑料具有抗拉强度高、吸水性极低、透气性小等特点，同时，还具有良好的阻燃性、耐磨性和电气性能

C. 氯化聚醚塑料的耐油和耐溶剂性高于氟塑料，对酸和碱极为稳定，长期工作温度为 120 ℃

D. 氯化聚醚塑料抗冲击性差、容易开裂，且伸长率低

8. 对天然橡胶，下列叙述中不正确的是（ ）。

A. 天然橡胶的抗拉强度、抗撕裂性、回弹性及工艺加工性能比多数合成橡胶差

B. 天然橡胶的耐热老化和耐大气老化性能较差，不耐臭氧、油和有机溶剂，易燃

C. 天然橡胶通常只有经过硫化作用形成硫化橡胶之后才能使用

D. 天然橡胶不能用于直接接触矿物油或有机溶剂的场合，也不宜用于户外

9. 天然橡胶的长期使用温度为（ ），工作电压等级可达 6 kV。

A. 60 ~ 65 ℃　　B. 90 ~ 105 ℃

C. 120 ~ 155 ℃　　D. 180 ℃及以上

10. 不具有阻燃性的材料是（ ）。

A. 聚酰胺塑料　　B. 氯化聚醚塑料

C. 氯丁橡胶　　D. 天然橡胶

四、简答题

1. 什么是电工用塑料？其具有什么特性和用途？

2. 什么是热固性塑料？其具有什么特点？

3. 酚醛塑料具有什么特性？分哪几个品种？各适用于什么场合？

4．脲醛塑料具有什么特性？适用于什么场合？

5．电工用三聚氰胺塑料具有什么特性？适用于什么场合？

6．电工用聚酯塑料具有什么特性？适用于什么场合？

7．电工用热塑性硬塑料具有什么特性？适用于什么场合？

8．电工用热塑性软塑料有什么用途？

9．聚乙烯热塑性软塑料具有什么特性？适用于什么场合？

10．聚氯乙烯热塑性软塑料具有什么特性？

11．聚丙烯热塑性软塑料具有什么特性？适用于什么场合？

12．氟塑料具有什么特点和用途？

13．什么是橡胶？其具有什么特点？

14．硫化橡胶具有什么特点？

15．天然橡胶适用于什么场合？

16．当天然橡胶用作耐高温电机、电器的引接线时，为什么铜导体要镀锡或加其他隔离层？

§1–9　电工用薄膜及其复合制品、黏带

一、填空题

1．常用的电工薄膜主要有__________薄膜、________薄膜、__________薄膜、聚萘酯薄膜、芳香族聚酰胺薄膜、__________薄膜、__________薄膜和__________薄膜等。其中，__________薄膜、________薄膜、__________薄膜应用最广。

2．聚丙烯薄膜主要用作________介质材料，也可用作__________的绕包材料、变压器的层间和相间绝缘材料。

3．聚乙烯薄膜具有较好的________性能，但________性能和________性能较差。

4．电工薄膜复合制品适用作中小型电机______绝缘，电机、电器线圈______绝缘和______绝缘。

5．电工薄膜复合制品主要有__________________复合箔、__________________复合箔、______________复合箔、聚酯薄膜芳香族聚酰胺纤维纸复合箔及聚酰亚胺薄膜芳香族聚酰胺纤维纸复合箔等。

6．电工用黏带有________黏带、________黏带和________黏带三种。

7．环氧玻璃黏带具有较高的电气性能和力学性能，可用作________铁芯绑扎材料，属______级绝缘。

8. 硅橡胶玻璃黏带具有较高的___________性、___________性和耐潮性，可用作________级电动机、电器线圈绝缘和导线连接绝缘。

9. 自黏性丁基橡胶带有________型和__________型两种。

二、判断题

1. 聚丙烯薄膜的密度小、质量轻，可拉伸成 0.006 mm 或更薄的材料。（ ）

2. 聚丙烯薄膜具有较高的电气性能、力学性能和化学稳定性，除浓硫酸、浓硝酸外，其他化学药品对它不起作用。（ ）

3. 2 型聚酯薄膜主要用作电容器介质。（ ）

4. 氟塑料薄膜具有很宽的使用温度、优异的介电性能和突出的耐化学性，但价格高，主要用于特殊性能要求的场合。（ ）

5. 聚四氟乙烯薄膜具有很高的耐热性和耐寒性，使用温度为 -267 ~ 160 ℃。（ ）

6. 聚萘酯薄膜的耐热性比聚酯薄膜好。（ ）

7. 聚苯乙烯薄膜一般用作高频电信电缆绝缘和电容器介质。（ ）

8. 聚乙烯薄膜可用作电信电缆、低压线圈等绝缘材料和电力电缆的护套材料。（ ）

9. 电工薄膜复合制品是在薄膜的一面黏合纤维材料而制成的一种复合材料。（ ）

10. 薄膜黏带所用的胶黏剂的耐热性应与薄膜材料相匹配。（ ）

三、选择题

1. 对聚酯薄膜，下列叙述中不正确的是（ ）。

A. 聚酯薄膜具有很高的拉伸强度和可挠性、良好的介电性能和耐溶剂性

B. 聚酯薄膜不易醇解和水解，耐碱性和耐电晕性差，使用温度一般为 -20 ~ 150 ℃

C. 聚酯薄膜为 120（E）、130（B）级绝缘材料

D. 1 型聚酯薄膜广泛用作低压电机的相绝缘、槽绝缘和槽楔，变压器的壁垒绝缘和层间绝缘，挠性印制电路板和扁型电缆的基材，电线电缆的绕包绝缘，以及柔软复合材料、云母带和黏带等的补强材料

2. 对聚酰亚胺薄膜，下列叙述中不正确的是（ ）。

A. 聚酰亚胺薄膜是一种高性能的电工塑料薄膜，没有熔点，可在 -260 ~ 350 ℃温度范围内使用

B. 聚酰亚胺薄膜的吸湿率是电工薄膜中最低的

C. 聚酰亚胺薄膜价格昂贵，主要用于只有聚酰亚胺薄膜才能满足其特定性能要求的场合

D. 热封型聚酰亚胺薄膜可用作电磁线的绕包绝缘

3. 普通型聚酰亚胺薄膜通过和聚芳酰胺纤维纸或其他耐热绝缘纸复合，制成（ ）级柔软复合材料，可用作牵引电动机、矿山电机和其他耐高温电机的对地绝缘和相间绝缘。

A．120（E）　　B．130（B）　　C．155（F）　　D．180（H）

4．对聚四氟乙烯薄膜，下列叙述中不正确的是（　　）。

A．聚四氟乙烯薄膜具有很高的耐热性和耐寒性，使用温度为 -267 ~ 160 ℃

B．聚四氟乙烯薄膜的电气性能和化学稳定性优良，易于加工

C．在氟塑料薄膜中，聚四氟乙烯薄膜的应用最广

D．聚四氟乙烯薄膜主要用作电机、电器、仪器仪表的元件绝缘材料，以及电磁线、引出线、耐热导线的绕包绝缘材料

5．聚萘酯薄膜主要用作（　　）级电机的槽绝缘、导线绕包绝缘和线圈端部绝缘。

A．120（E）　　B．130（B）　　C．155（F）　　D．180（H）

6．对芳香族聚酰胺薄膜，下列叙述中不正确的是（　　）。

A．芳香族聚酰胺薄膜的耐溶剂性好，熔点高，且具有一定的电气性能和力学性能

B．芳香族聚酰胺薄膜的耐变压器油性能和耐潮性好

C．芳香族聚酰胺薄膜可用作 155（F）级电机的槽绝缘材料

D．芳香族聚酰胺薄膜可用作 180（H）级电机的槽绝缘材料

7．聚乙烯薄膜的长期工作温度为（　　）℃。

A．-60 ~ 120　　B．70　　C．180 ~ 250　　D．-267 ~ 160

8．（　　）也称电工绝缘胶带。

A．聚乙烯薄膜黏带　　B．聚乙烯薄膜纸黏带

C．聚氯乙烯薄膜黏带　　D．聚酯薄膜黏带

9．（　　）包扎服帖、使用方便，可代替绝缘黑胶布作为电线接头包扎绝缘。

A．聚乙烯薄膜黏带　　B．聚乙烯薄膜纸黏带

C．聚氯乙烯薄膜黏带　　D．聚酯薄膜黏带

四、简答题

1．电工薄膜具有什么特点和用途？

2．电工用黏带具有什么用途？

3．电工用绝缘黑胶布具有什么特点和用途？

§1-10 电工用云母、石棉、陶瓷、玻璃及其制品

一、填空题

1．云母是一种耐________温绝缘材料，分为__________云母、__________云母和______母。

2．在电工绝缘材料领域主要用______云母和______云母，其中______云母用量最大。

3．粉云母纸有 501、502、503 和 504 等型号。其中________和________型渗透性好，适于制作云母带和软云母板。________和________型渗透性稍差，适于制作硬质云母板。

4．常用云母制品主要有云母________、云母________、云母________、云母管和云母玻璃等。

5．柔性云母板在室温下__________，可弯曲。

6．塑性云母板在室温下__________，加热后__________，可塑制成绝缘件。

7．与云母板相比，云母箔厚度较_______，在室温下具有一定的弹性和_________性，在一定的温度下具有_________性，适用于电机、电器卷烘绝缘和磁极绝缘。

8．云母玻璃的__________性和耐__________性好，主要用作高压电器的耐电弧、耐高温绝缘材料。

9．石棉的种类很多，在电工产品中主要使用________石棉。

10．石棉制品主要包括石棉________、石棉__________、石棉__________等。

11．电工用陶瓷制品按用途和性能分为________陶瓷、电容器陶瓷和________陶瓷三种。

12．低熔点玻璃又称玻璃焊药，可在较低的温度下焊接__________、__________和__________。

二、判断题

1．云母及其制品适用作高压电机、直流电机、电热设备和防火电缆等的绝缘材料。（　）

2．合成云母是对层状结构铝硅酸盐造岩矿物的总称。（　）

3．合成云母具有电绝缘性好、耐酸碱等特点。（　）

4．合成云母是电机、电器、电子、航空等现代工业和高科技技术的重要非金属绝缘材料。（　）

5．粉云母纸厚度均匀，由它制成的制品厚度均匀，电气性能稳定，但成本高。（　）

6．云母制品由云母、胶黏剂和补强材料组成。（　）

7．云母带在室温下具有良好的柔软性和可挠性。（　）

8．云母板是由胶黏剂黏合云母片与补强材料，经烘干或烘焙热压而成。（　）

9．云母板在室温下柔软，可弯曲。（　　）

10．换向器的铜片较厚，相邻铜片之间用云母片绝缘。（　　）

11．云母管主要用作电机、电器设备中的电极、电棒或引出线绝缘和电极绝缘套管。（　　）

12．云母玻璃质地坚硬，加工时要采用高速钢或砂轮刀具。（　　）

13．石棉水泥制品主要有石棉板和异形压制件，可用作开关的绝缘底座或灭弧罩及其他绝缘结构件。（　　）

14．长石瓷的力学强度高，适于制作一般瓷灯头、灯座、接线座、绝缘子和绝缘套管等。（　　）

15．石英玻璃的热性能比普通玻璃差得多。（　　）

三、选择题

1．既耐高温又绝缘的材料是（　　）。

A．变压器油　B．松香　C．铜　D．云母

2．对云母，下列叙述中不正确的是（　　）。

A．白云母和金云母具有良好的电气性能和力学性能

B．白云母的电气性能比金云母好

C．白云母比金云母更柔软一些，耐热性更好

D．白云母和金云母的耐热性好、化学稳定性和耐电晕性能好

3．用于电压不高的中型电机主绝缘和一般电器绝缘的云母薄片的级别是（　　）。

A．特级　B．甲级　C．乙级　D．丙级

4．对合成云母，下列叙述中不正确的是（　　）。

A．合成云母又称氟金云母

B．合成云母是天然金云母的模拟物，其性能劣于天然云母

C．合成云母耐温高达 1 200 ℃以上

D．合成云母耐酸碱、透明、可分剥和富有弹性

5．（　　）用作 180（H）级电机绝缘。

A．沥青绸云母带　B．醇酸纸云母带

C．有机硅玻璃云母带　D．醇酸玻璃云母带

6．（　　）不能用作 180（H）级电机绝缘。

A．二苯醚玻璃柔软云母板　B．有机硅柔软云母板

C．有机硅玻璃柔软云母板　D．醇酸纸柔软粉云母板

7．换向器云母板的（　　），压缩性小，厚度均匀。

A．含胶量低，在室温下坚硬　B．含胶量低，在室温下柔软

C．含胶量高，在室温下坚硬　D．含胶量高，在室温下柔软

8．对石棉制品，下列叙述中不正确的是（　　）。

A．石棉粉尘或超细石棉纤维对人体健康有害，在生产过程中应严格控制其在空气中的浓度

B．石棉纸是由石棉纤维加入少量的玻璃纤维或有机纤维制成的，具有柔软和

不燃的特性，通常用树脂或漆浸渍后使用

C．Ⅰ号石棉纸常用作仪表等低压电器的隔离电弧绝缘材料

D．石棉水泥制品具有抗弯曲性好、抗冲击强度高、耐热性好、抗电火花和耐电弧性能优良、耐腐蚀性好等特点

9．对石棉纺织品，下列叙述中不正确的是（　　）。

A．石棉带主要用作电机绕组绕包绝缘材料

B．石棉布主要用作电热器热绝缘及层压塑料的底材

C．石棉绝缘套管主要用作热电偶的绝缘套管

D．石棉绳主要用于工作温度达 250 ℃以上的电机、电器和耐高温引线等的包扎和密封

10．（　　）简称电瓷。

A．电工用云母　　B．电工用玻璃

C．电工用石棉　　D．电工用陶瓷

11．（　　）不是工频瓷。

A．长石瓷　　B．高硅质瓷

C．高铝质瓷　　D．滑石瓷

12．（　　）适于制作超高压输电线路用的高强度悬式绝缘子和高压配电绝缘子。

A．长石瓷　　B．高铝质瓷　　C．滑石瓷　　D．堇青石瓷

13．（　　）可用作微波用散热板和高频绝缘材料。

A．长石瓷　　B．高铝瓷　　C．滑石瓷　　D．氮化硼瓷

14．（　　）适于制作电热器散热板和断路器灭弧片。

A．长石瓷　　B．高铝瓷　　C．电容器陶瓷　　D．堇青石瓷

15．对电工用玻璃，下列叙述中不正确的是（　　）。

A．在常温下，玻璃具有极好的绝缘性能，但其绝缘强度比陶瓷差

B．普通玻璃的导热系数不大，不易传热，也没有明显的熔点

C．当玻璃的各部位温差较大时，其极易破裂，一般经不住温度的急剧变化

D．玻璃的抗压强度高于抗拉强度，抗弯强度更差，除玻璃纤维制品外，其余玻璃制品都硬脆、易裂

16．适宜作电子和半导体器件的密封或焊封材料的是（　　）。

A．绝缘子玻璃　　B．电真空玻璃

C．玻璃陶瓷　　D．低熔点玻璃

四、简答题

1．石棉具有什么特性？

2. 电工用陶瓷具有什么特点？

3. 低频瓷有什么用途？

4. 多孔陶瓷具有什么优点？

5. 玻璃陶瓷具有什么特性？

第二章　普通导电材料

§2-1　导电金属

一、填空题

1．在电工产品中，用量最多的导电金属是______和____，特殊场合也采用______、______、铂等贵重金属。

2．导电用铜材有______纯铜、______铜和______性高纯铜三个品种。

3．铜受冷变形后，会产生冷作硬化现象。冷变形度在 90% 以上时，抗拉强度可提高 80%，电导率仅降低 2.5% IACS（国际退火铜标准），被称为____铜，适宜作________、整流片和开关零件等。

4．硬铜常用到______℃，高于______℃开始软化。

5．常用的铜合金有____铜、____铜、____铜、____铜、铍铜、钛铜以及镍铜类等。

6．锆铜合金是一种高________、高________、高__________的合金。

7．镍铜合金类主要有______铜合金、______铜合金、______铜合金。

8．铝的密度为铜的______%，导电性仅____于铜。

9．铝质越纯，导电性能越______。导电用铝通常选用含铝量在______% 以上的工业纯铝。

10．常用的铝合金有________合金、________合金、________合金、铝镁铁铜合金、__________合金、铝锆合金、铝铁合金和铝硅合金等。

11．铝及铝合金表面因形成______而不易焊接。常用的焊接方式有______焊、气焊、______焊和钎焊等。

12．复合导电金属材料是指________或两种以上的导电金属复合在一起使用的材料。

二、判断题

1．影响铜性能的因素很多，如冷变形、温度、杂质等。（　　）

2．铜受冷变形后，不会产生冷作硬化现象。（　　）

3．为了防止氧化，可在铜导体上镀一层铁、锡、铬、镍等金属。（　　）

4．铜在含有大量二氧化硫、硫化氢、硝酸、氨和氯等气体的场合腐蚀较为强烈。（　　）

5．铜合金的电导率比纯铜稍低。（　　）

6．银铜合金触点适用于中、小电流的接触器，温度控制器、起动器、中间继电器、微动开关等电器及一些仪器仪表的接点，且具有一定的熄弧能力。（　　）

7．若在铬铜合金中再加入少量的镁和铝，可降低缺口处容易导致机械损伤的不足。（　　）

8．铬铜合金主要用于制作电器、仪表的开关零件及电子管零件等。（　　）

9．镍铜合金类的耐热性能优于钛铜合金，其电导率和强度都接近铍铜合金，可代替铍铜合金使用。（　　）

10．铝耐碱，但不耐酸，更不耐盐雾腐蚀。（　　）

11．铝的强度比铜低，焊接性能较差。（　　）

12．铝合金常用于制作架空导线以及要求质量轻、强度高的导电线芯。（　　）

13．金的导电性仅优于银、铜。（　　）

14．银作为电接触材料、复合材料和焊接材料，主要用于电子电器行业。（　　）

15．银及银合金是电器开关重要的触头材料，其接触电阻低而稳定，抗高温氧化性强。（　　）

16．经 450 ~ 600 ℃退火后的铜，称为软铜。（　　）

三、选择题

1．铜质越纯，铜的导电性能越好，导电用铜一般选用含铜量大于（　　）的工业纯铜。

A．99.90%　　B．90.00%　　C．80.00%　　D．50.00%

2．制作各种电线电缆用导体最好选用（　　）。

A．一号铜　　B．二号铜　　C．一号无氧铜　　D．二号无氧铜

3．对铜的性能，下列叙述中不正确的是（　　）。

A．在熔点以下，铜的电阻率随温度升高而减小

B．铜无低温脆性，适用作低温导体

C．铜的长期工作温度不宜超过 110 ℃，短期工作温度不宜超过 300 ℃

D．在室温干燥的空气中铜几乎不氧化，100 ℃时表面生成黑色氧化铜膜

4．铜在（　　）中腐蚀最为严重。

A．氧气　　B．二氧化碳　　C．二氧化硫　　D．氯气

5．在下列铜合金中，（　　）的导电性能最好。

A．镍铜　　B．银铜　　C．铬铜　　D．镉铜

6．对银铜合金，下列叙述中不正确的是（　　）。

A．银铜合金是在铜中加入少量的银，含银量一般为 0.1% ~ 0.2%，可显著改变其软化温度和抗蠕变性能，对电导率影响极小

B．银铜合金的含银量随用途不同而不同，如直流电机换向器用换向片的含银量（质量分数）为 0.06% ~ 0.25%，集电环等导电零件的含银量为 5% ~ 20%

C．银铜合金主要用于制作继电器、电位器、衰减器的触点材料和电子管引线、换向器片等

D．若在银铜合金中加入少量的铬、铅、镁和镉，可进一步提高合金强度，但会降低其耐热性

7．对铬铜合金，下列叙述中不正确的是（　　）。

A. 铬铜合金突出的特点是软化温度较高（500 ℃），能在 450 ~ 475 ℃温度下安全工作

B. 铬铜合金在 450 ~ 475 ℃温度下仍具有较高的硬度和强度

C. 经过 450 ℃时效硬化处理后，铬铜合金的导电性、导热性、强度、硬度均显著提高

D. 铬铜合金易于焊接，能钎焊；耐腐蚀性良好，抗高温氧化性好，但不易进行冷、热加工

8. 对铍铜合金，下列叙述中不正确的是（　　）。

A. 铍铜合金具有力学强度高、硬度高、弹性滞后小、弹性稳定性好以及良好的耐腐蚀、耐磨损和耐疲劳等特性

B. 铍铜合金具有强磁性，有冲击火花，但易于焊接，能钎焊

C. 铍铜合金在淬火状态下有极高的塑性，易于进行压力加工

D. 铍的氧化物和氟化物有剧毒，会污染环境

9. 对钛铜合金，下列叙述中不正确的是（　　）。

A. 钛铜合金是一种新型高强度合金，性能接近于铍铜合金

B. 与铍铜合金相比，钛铜合金的导电性能较好，但耐热性稍差

C. 钛铜合金的软化温度为 500 ℃

D. 钛铜合金可用于制作电焊机电极、高力学强度的导电零部件、弹簧和架空导线等

10. 对镍铜合金类，下列叙述中不正确的是（　　）。

A. 镍铜合金类的耐热性能优于钛铜合金，其电导率和力学强度都接近于铍铜合金，可代替铍铜合金使用

B. 镍钛铜合金的软化温度为 300 ℃，可用于制作点焊电极、CO_2 保护焊导电嘴等

C. 镍硅铜合金的软化温度为 500 ℃，可用于制作导电弹簧、输电线路耐蚀紧固件等

D. 镍锡铜合金的软化温度为 450 ℃，可用于制作继电器、电位器、微动开关、电器接插件、传感器敏感元件等

11.（　　）合金主要用于制作在较高温度（350 ℃）下工作的电器或仪表的开关零件、导线、电焊电极、换向器片等。

A. 银铜　　B. 锆铜　　C. 铍铜　　D. 镉铜

12. 对铝的性能，下列叙述中不正确的是（　　）。

A. 铝无低温脆性，适用作低温导体

B. 铝的热稳定性差，蠕变极限和抗拉强度受温度影响大

C. 铝长期工作温度要控制在 90 ℃以下，短时工作温度不宜超过 120 ℃

D. 铝在大气中的耐蚀性较差

13.（　　）适用于制作电线电缆、导电体等。

A. 特一号铝　　B. 特一号铝和特二号铝

C．特一号铝和一号铝　　D．特二号铝和一号铝

14．（　　）导电铝合金可用于高强度架空线。

A．热处理型铝镁硅　　B．非热处理型铝镁铁

C．非热处理型铝稀土　　D．非热处理型铝镁硅铁

15．铝和铜的焊接不易采用（　　）。

A．电容储能焊　　B．冷压焊　　C．钎焊　　D．氩弧焊

16．（　　）复合金属导体可用于制作导电弹簧。

A．铝包钢　　B．镍包铜　　C．银覆铝　　D．铜覆铍铜

17．（　　）复合金属导体适用作输电、配电用导线及制造大跨越架空导线。

A．铝包钢　　B．镍包铜　　C．银包铜　　D．铜包铝

18．（　　）具有好的导电、导热性，好的抗氧化性和焊接性，易进行压力加工。

A．银　　B．铜　　C．铝　　D．铁

四、简答题

1．导电金属应具有哪些特性？

2．铜具有什么特点？

3．银铜合金具有什么特点？

4．镉铜合金具有什么特点和用途？

5．锆铜合金有哪些用途？

6．铝具有什么特点？

§2-2 裸 电 线

一、填空题

1．裸电线又称裸导线，是一种表面________、没有________层的金属导线。

2．裸电线根据形状、结构和用途不同，分为________、________和型材、________（即架空用绞线）、________等系列。

3．圆单线又称圆线，是______形的单根导线。常用的圆单线有圆______线、圆____线、镀_____圆铜线、镀_______圆铜线、镀_______圆铜线、_________圆线、__________圆线、_________圆线和_________圆铜线等。

4．型线是指裸导线的截面加工成______形或其他非圆形状的导电材料，如____线、____线、异形排、电车线（接触线）、____导线等。型线中最常用的是矩形型线，尺寸小的叫______线，尺寸大的叫______线。

5．________线是指由多根圆单线或型线，经同芯分层呈螺旋形扭绞及相邻层扭绞方向相反的绞合而形成的导线。按绞合规则，裸绞线分为________绞线、________绞线、________绞线和特种绞线等；按绞线的结构形式，裸绞线分为_________绞线、______绞线、________绞线和紧缩型绞线等。

6．常用多股实心绞线包括______（或铝合金）绞线、钢绞线和________绞线等。

7．扩径绞线分为________型、________型、________型和层间支撑型等。

8．自阻尼绞线是以防振为目的专门制造的一种对微风振动有很大______作用的导线，常用于线路________段。

9．软接线具有柔软性，主要用于各种______连接的场合，包括______线、________线、______线等。

10．铜电刷线是用于电机、电器及仪表线路上连接用的______连接线。

11．裸铜软绞线外层的绞向为向______，除非供需双方另有协议，否则，相邻层的绞向应相______。

12．铜编织线采用优质圆铜线或镀锡软圆铜线以多股经单层或多层________而成。

二、判断题

1．圆单线只能单独使用，不能构成绞线。（ ）

2．裸绞线可以制成较大截面的导线，以输配较大的电流，而且裸绞线比较柔软。

（　　）

3．填充型绞线的线芯为铝绞线。（　　）

4．小弧垂钢芯铝绞线的钢芯采用高强度钢丝，铝股采用软态或半硬态铝线。（　　）

5．紧缩型绞线经压缩减小了空隙和外径，使风、冰荷载减少，有利于阻止导线的舞动，但易产生微风振动。（　　）

6．软接线由大截面软圆铜线绞制或编织而成。（　　）

7．铜电刷线具有良好的稳定性，表面光洁、无毛刺，使用中能保证其在取放电刷多次弯曲时不会断裂。（　　）

8．在选择架空用裸绞线时，应按裸绞线的力学强度、耐热及电阻率的大小等参数合理确定选用规格。（　　）

三、选择题

1．在裸电线的型号中，类别 L 表示（　　）。

A．电车线　　B．钢线

C．铜线　　D．铝线

2．在裸电线的型号中，形状特征 B 表示（　　）。

A．扁形　　B．带形

C．空心　　D．圆形

3．在裸电线的型号中，加工特征 F 表示（　　）。

A．防腐　　B．绞制

C．纤维编织　　D．镀锡

4．在裸电线的型号中，类型特征 J 表示（　　）。

A．轻型　　B．扩径型

C．加强型　　D．支撑型

5．软圆铜线的型号为（　　）。

A．TR　　B．TY　　C．TYT　　D．LR

6．对圆单线产品，下列叙述中不正确的是（　　）。

A．硬圆铜线和圆铝线主要用作架空导线

B．软（或半硬）圆铜线和圆铝线主要用作电线电缆及电磁线的线芯

C．镀镍圆铜线适用于制作耐高温电线电缆用的导线

D．非热处理型铝合金圆线主要用于制造架空导线，热处理型铝合金圆线主要用于制作电线电缆的导电线芯

7．软铜母线的型号为（　　）。

A．TBR　　B．LBR　　C．TMR　　D．LMR

8．（　　）绞线由材质相同、线径相等的单线先通过束合或绞合成股，再由线股用简单的绞合方式绞成。

A．简单　　B．复合　　C．组合　　D．特种

9．图 2–1 所示为钢芯铝绞线，该绞线属于（　　）。

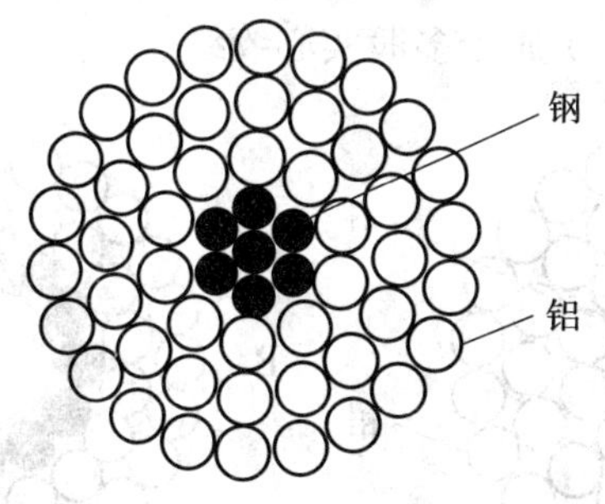

图 2-1 钢芯铝绞线

A．简单绞线 B．复合绞线 C．组合绞线 D．特种绞线

10．对多股实心绞线，下列叙述中不正确的是（ ）。
A．多股实心绞线各股强度的缺陷点不会集中于同一个断面
B．多股实心绞线可以减轻因弯曲或振动所产生的弯曲应力，使整体强度保持均匀
C．多股实心绞线柔软性能好、易弯曲并具有足够的力学强度
D．多股实心绞线与截面积相同的圆单线一样，缺陷点集中于同一个断面

11．对扩径绞线，下列叙述中不正确的是（ ）。
A．空心型绞线的加工和制造工艺复杂，成本高，只用于特殊场合
B．支撑芯型绞线在支架上的内层绕钢线股，外层依次绕铝线股
C．填充型绞线的线芯为铝绞线
D．层间支撑型绞线与填充型绞线相似，只是不加填充料

12．（ ）可以用于电刷连接线。
A．裸铜天线 B．铜电刷线
C．铜编织线 D．裸铜软绞线

13．LGJQ 为（ ）的型号。
A．轻型钢芯铝绞线 B．热处理型铝合金绞线
C．钢芯铝包钢绞线 D．扩径钢芯铝绞线

14．TJR 为（ ）的型号。
A．铜电刷线 B．裸铜天线 C．裸铜软绞线 D．铜编织线

15．（ ）型号可用作电刷连接线。
A．TS、TSR、TSX B．TT、TTR
C．TJR1、TJRX1 D．TZ-3、TZX-3、TZZ-07

16．对周围有腐蚀环境的输配电线路，最好选用（ ）型号的导线。
A．LGJF B．GLGJ
C．LGJQ D．LGJK

17．重冰区的输配电线路，不能选用（ ）。
A．钢芯铝合金绞线 B．钢芯铝包钢绞线
C．紧缩型导线 D．铝绞线

18．下列选项中，(　　)属于多股实心绞线。

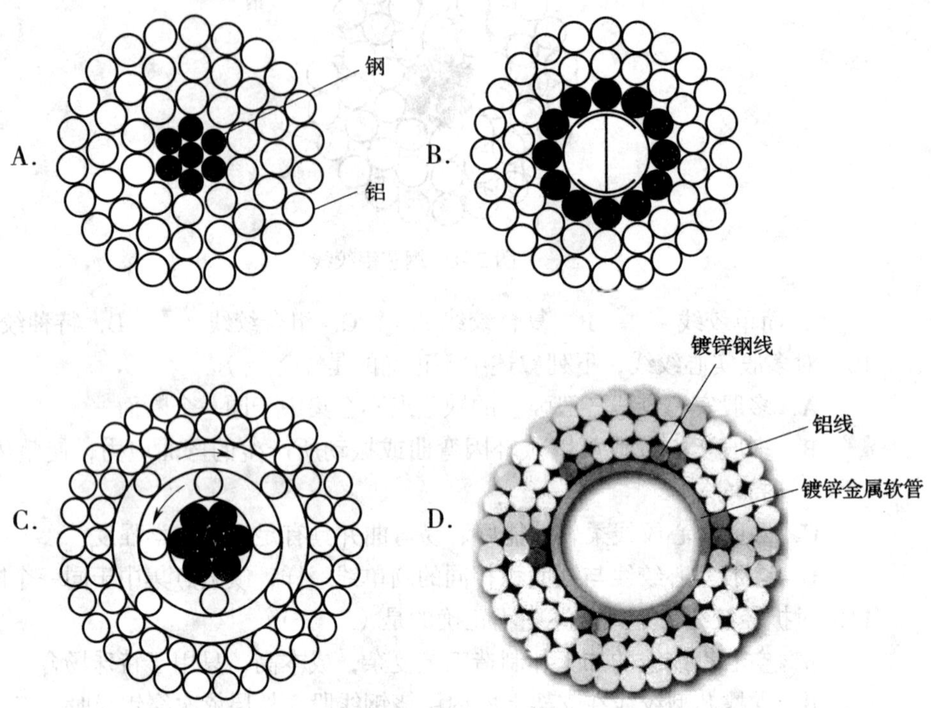

19．图 2–2 所示为（　　）绞线的截面。

图 2–2　某绞线截面

A．扩径　　B．紧缩型　　C．自阻尼　　D．裸铜软

四、简答题

1．圆单线具有什么特点和用途？

2. 裸绞线具有什么特点和用途？

3. 简述简单绞线、复合绞线和组合绞线的区别。

4. 什么是扩径绞线？绞线扩径的目的是什么？

5. 选择架空用裸绞线时，应重点考虑哪些条件？怎样选择？

§2-3 电 磁 线

一、填空题

1. 电磁线是一种具有很薄________层的金属导线。电磁线按绝缘层的特点和用途分为______线、________线、______________线和特种电磁线等。

2．SBELB 表示________________线。

3．漆包线由__________和__________组成，是一种以________作为绝缘层的电磁线。

4．漆包线按长期使用温度和使用特点的不同分为________漆包线、________漆包线和特种漆包线。特种漆包线包括__________漆包线、__________________漆包线、______________漆包线等。

5．绕包线按绝缘层的结构特点分为纸包线、________绕包线、________绕包线和______绕包线等。

6．玻璃纤维绕包线的耐热等级通常分为______（B）、______（F）和______（H）三个等级。

7．无机绝缘电磁线主要有________铝线和铝带（箔）、________绝缘线、________绝缘微细线等。

8．特种电磁线包括________导线、__________绕组线以及__________绕组线等。

9．潜水电机绕组线能在交流电压______V、温度______℃、工作水压不超过 60 MPa 的条件下长期工作。

10．电磁线的电性能主要是指导电线芯的__________、绝缘层的______________和绝缘电阻。

11．电磁线的力学性能主要是指________材料的力学性能和______层的耐折、耐磨以及耐刮性等。

二、判断题

1．漆包线的性质由导电线芯材料和绝缘层的性质决定。（　　）

2．所有漆包线都属于电磁线。（　　）

3．绕包线通常在绕包后再经过浸渍漆（或胶）浸渍形成组合绝缘。（　　）

4．纸包线在绝缘油中有较好的电气性能，适用于油浸电力变压器的线圈。（　　）

5．由于采用不同的薄膜和绝缘厚度，可以将薄膜绕包线制成 130（B）、155（F）和 180（H）三个耐热等级。（　　）

6．陶瓷绝缘线的弯曲性差，击穿电压低，耐潮性差，不适用于高温及有辐射场合的电器。（　　）

7．特种电磁线是指用于高温、高湿、超低温、强磁场或高频辐射等特殊场合的一种电磁线。（　　）

8．换位导线有循环电流，线圈内的涡流损耗大。（　　）

9．潜水电机绕组线一般为铝导线线芯，截面较大的线芯由多股导线绞制而成。（　　）

10．高温是使电磁线绝缘层绝缘性能下降的主要因素。（　　）

11．相容性是选用或使用电磁线时必须考虑的一个前提条件。（　　）

三、选择题

1．QZ–2/130 型电磁线的名称为聚酯漆包圆铜线，并且是厚漆膜，耐温（　　）℃。

A．105　　B．120　　C．130　　D．155

2．普通漆包线是指长期使用温度在（　　）℃及以下的漆包线。

A．90　　B．105　　C．120　　D．155

3．（　　）漆包线不属于普通漆包线。

A．缩醛　　B．聚酯　　C．聚氨酯　　D．聚酰亚胺

4．耐高温漆包线是指使用温度在（　　）℃及以上的改性聚酯亚胺、聚酰亚胺等漆包圆线或扁线。

A．120　　B．130　　C．155　　D．180

5．（　　）漆包线不属于特种漆包线。

A．改性聚酯亚胺　　B．耐冷冻剂

C．自黏直焊性聚氨酯　　D．无磁性聚氨酯

6．（　　）不属于电磁线。

A．缩醛漆包圆铜线　　B．耐冷冻剂漆包圆铜线

C．聚酰亚胺漆包圆铜线　　D．康铜漆包线

7．空调设备和制冷设备电机的绕组，最好选用（　　）型号的电磁线。

A．QQ　　B．QZ　　C．QY　　D．QF

8．普通中小型电机、微电机绕组，油浸变压器线圈，电器仪表用线圈，最好选用（　　）电磁线。

A．耐冷冻剂漆包圆铜线　　B．缩醛漆包圆（或扁）铜线

C．聚酯亚胺漆包圆（或扁）铜线　　D．自黏性漆包圆铜线

9．通用中、小型电机绕组，干式变压器和电器仪表用线圈，最好选用（　　）型号的电磁线。

A．Q　　B．QY　　C．QZ　　D．QZY

10．（　　）是一种用绝缘纸、天然丝、玻璃丝或合成树脂薄膜等紧密绕包在导线芯上形成绝缘层的电磁线。

A．漆包线　　B．绕包线

C．无机绝缘电磁线　　D．特种电磁线

11．纸包线的温度指数为（　　）（A 级）。

A．105　　B．130　　C．155　　D．180

12．（　　）是在裸导线、漆包线或薄膜绕包线上绕包玻璃纤维或天然纤维，并浸涂黏结漆后烘焙而成的。

A．纸包线　　B．纤维绕包线　　C．薄膜绕包线　　D．复合绕包线

13．（　　）是在圆铜线或扁铜线上绕包一层或多层聚酰亚胺、聚酯、聚酰亚胺复合层等薄膜绕包而成的。

A．纸包线　　B．纤维绕包线　　C．薄膜绕包线　　D．复合绕包线

14．对无机绝缘电磁线，下列叙述中不正确的是（　　）。

A．氧化膜铝线和铝带（箔）具有耐热性和耐辐射性好等优点，但其弯曲性差，耐电压击穿低，氧化膜的强度和耐酸碱性差

B．陶瓷绝缘线具有优良的耐高温、耐化学腐蚀和耐辐射性能，但其弯曲性

差，击穿电压低，耐潮性差

C．玻璃膜绝缘微细线具有导体电阻的热稳定性好、玻璃膜绝缘能适应高低温度变化等优点，但其弯曲性差

D．玻璃膜绝缘微细线的弯曲性差，不适用于制作精密电阻元件

15．用于绕制油浸电力变压器的线圈，最好选用（　　）电磁线。

A．纸包圆铜（或铝）线、纸包扁铜（或铝）线

B．聚酰胺纤维纸包圆（或扁）铜线

C．双玻璃丝包圆（或扁）铜线

D．聚酰亚胺－氟46复合薄膜绕包圆（或扁）铜线

16．用于高精度、高灵敏度、高稳定性的电子仪器和电工仪表中的无机绝缘电磁线，最好选用（　　）。

A．陶瓷绝缘线　　B．玻璃膜绝缘微细锰铜线

C．氧化膜铝带（箔）　　D．氧化膜圆（或扁）铝线

17．制作潜水电机绕组，最好选用（　　）型号的电磁线。

A．TC　　B．QYN　　C．SQJ　　D．QQLBH

四、简答题

1．电磁线有什么用途？

2．漆包线具有什么优点和用途？

3．选择漆包线时需重点考虑什么条件？

4. 绕包线具有什么特点？适用于什么场合？

5. 什么是无机绝缘电磁线？它具有什么特点和用途？

6. 氧化膜铝线和铝带（箔）具有什么特点和用途？

7. 陶瓷绝缘线具有什么特点和用途？

8. 什么是换位导线？它具有什么特点？

9. 电磁线的品种和规格很多，选用时应重点考虑电磁线的哪些性能指标？

§2-4 电气装备用电线电缆

一、填空题

1. 电气装备用电线电缆是指主要用于电气设备内部或外部的________________、____________以及各种电信号传递线等用途的电线电缆。

2. 电气装备用电线电缆的交流额定电压 U_0/U 通常在______V 及以下，最高不超过______ kV。其中，信号和仪表电缆的使用电压一般在________V 及以下。

3. 电气装备用电线电缆的结构差异很大，从其共性来看主要由________________、____________和护层（护套）组成。为了满足某些特殊要求，有的电线电缆还需要再加________或填充料等。

4. 电气装备用电线电缆的导电线芯主要是______和______。考虑到经济情况，固定敷设的电线电缆，若没有特殊要求，一般采用____材料作为导电线芯。对移动使用的和有一定温度要求的电线电缆，应选用____材料作为导电线芯。

5. 电气装备用电线电缆的导电线芯要求比较______，大截面线芯一般采用多根单线绞合而成。线芯的绞合方式有____绞合、______绞合和____绞合三种。

6. 电线电缆的绝缘层大多由各种绝缘性能不同的______和______材料组成，有时也可根据要求采用纸、云母带等绝缘。橡胶电缆绝缘层的常用材料有____________、________橡胶和________橡胶三种。塑料电缆绝缘层的常用材料有__________（PE）、__________（PVC）、____________（XLPE）、______（PP）、氟塑料（F）等。

7. 铠装层主要有______铠装和______铠装两种结构。

8. 常用的屏蔽层材料主要有________材料、________材料、________材料等。

9. 在多芯电缆中，为了使其结构稳定，一般采用______、________、________、______等纤维或橡塑材料填充线芯间、线芯与护套间的间隙。通常，橡胶绝缘电缆常采用________或聚丙烯薄膜填充，交联聚乙烯绝缘电缆常采用__________填充。

10. 电气装备用电线电缆的产品型号一般由________（用途）、________、________、（内）________、特征、________、派生七个部分组成。

11. 电气装备用电线电缆的品种很多，按产品用途分为________________________、____________________、____________________、交通运输工具电线电缆、地质资源勘探开采电线电缆、______________、特种电线电缆和加热电缆八类。

12．低压配电电线电缆包括________________电线电缆和______________电线电缆两大类。

13．农用直埋铝芯塑料绝缘塑料护套电线的线芯主要是______芯。

14．通用供电软电线电缆主要包括__________、________________和__________三种。

15．通用供电软电线电缆的导电线芯均为____芯，导线结构为多根单线______绞或复绞而成。

16．绝缘软线主要包括____________________和__________________________两类。

17．通用橡套软电缆根据其所承受的机械外力的不同，可以分为______、______和____三种形式，每一种形式的产品又分为______型和________型。

18．通用橡套电缆的地线均采用____________线。

19．YHBQ型二氧化碳气体保护电焊机用电缆具有通______、通______和通______等特点，内有________线，不延燃，其额定电压在________V及以下。

20．信号及控制电缆主要包括________电缆、________电缆和____________电缆等。

21．控制电缆的线芯（主要是铜芯）有A、B、R三种形式。其中，A型为_______，B型为_______________，R型为_________。

22．常用的塑料绝缘控制电缆主要有___________绝缘控制电缆和_____________绝缘控制电缆两种。

23．信号电缆是用聚氯乙烯或聚乙烯绝缘的______________线作为线芯绞合而成的。信号电缆的绝缘线芯若采用双线对绞方式，绝缘颜色一般采用________、________、________、________；若采用四线组绞合，绝缘颜色采用______________。

24．计算机控制电缆均采用_______结构，有___________、__________________、对绞组合屏蔽后总屏蔽等屏蔽结构形式。

二、判断题

1．根据线芯的耐温要求，可以采用在铜线表面镀锡、镀银或镀镍等金属材料的导电线芯，甚至可以选用镍包铜线、铬铜、铬锆铜等耐高温的导电合金作为电气设备用电线电缆的导电线芯。（　　）

2．移动式电线电缆的导电线芯较为柔软，可采用复绞合或束绞合。（　　）

3．高频、高压电线电缆多采用聚氯乙烯塑料。（　　）

4．丁腈橡胶的耐油性好。（　　）

5．氯丁橡胶不延燃，耐候性好。（　　）

6．农用直埋铝芯塑料绝缘塑料护套电线的长期允许工作温度不应超过70 ℃，最低敷设温度不应低于−15 ℃。（　　）

7．橡胶绝缘编织护套软电线的长期允许工作温度不应超过60 ℃。（　　）

8．电焊机电缆特别柔软，具有良好的弯曲性能。（　　）

9．电焊机电缆的长期允许工作温度不应超过65 ℃。（　　）

10. 氯丁橡胶混合物护套具有耐热、耐油和不延燃等特性。（　　）

11. 信号及控制电缆主要是指控制中心与系统之间传递信号或控制操作用的电线电缆。（　　）

12. 电梯电缆均为多芯，导电线芯采用铜绞线；绝缘层采用橡胶，成缆时中心有尼龙加强绳，以承受电缆悬吊时的自重，并使其柔软；护套采用强度高的橡胶。（　　）

13. 电梯电缆线芯的长期允许工作温度不应超过 65 ℃。（　　）

14. 电气装备用信号和仪表电缆的使用电压一般在 300/500 V 及以下。（　　）

15. 固定敷设的电线电缆，若没有特殊要求，一般采用铜材料作为导电线芯。（　　）

16. 对移动使用的和有一定温度要求的电线电缆，应选用铜材料作为导电线芯。（　　）

17. 电气装备用电线电缆的导电线芯要求比较柔软，大截面线芯一般采用多根单线绞合而成。（　　）

18. 铠装层具有高强度保护作用，适用作机械损伤较严重场合下的电缆。（　　）

19. 电缆的金属铠装不但能起到保护作用，还能起到电场屏蔽和防止外界电磁波干扰的作用。（　　）

20. 屏蔽层主要用来屏蔽由电缆产生的电磁场对外界的干扰，以及外界对电线电缆的干扰。（　　）

21. 半导电屏蔽层能与绝缘层紧密接触，克服了绝缘层与金属无法紧密接触而产生气隙的弱点。（　　）

22. 通用供电软电线电缆的导电线芯均为铝芯，导线结构为多根单线束绞或复绞而成。（　　）

23. 信号电缆是用聚氯乙烯或聚乙烯绝缘的软铝线作为线芯绞合而成的。（　　）

三、选择题

1.（　　）的导体通常用于横截面较大且对柔软性要求较高的导线。

A. 束绞合　　B. 同心绞合　　C. 复绞合　　D. 以上均可

2. 普通低频、低压电线电缆的绝缘层和防护层，一般可以选用介质损耗相对较大、绝缘电阻小，但防护性能较好、价格低廉的（　　）作为绝缘材料。

A. 聚氯乙烯塑料　B. 天然－丁苯　C. 聚乙烯塑料　D. 氟塑料

3. 对电气装备用电线电缆的护层（护套），下列叙述中不正确的是（　　）。

A. 纤维编织防护层常用于橡胶绝缘线和软线，起轻度防护作用

B. 聚氯乙烯塑料护套的综合防护性能较好

C. 橡胶护套的弹性、耐磨性、柔软性和温度适应性较好

D. 橡胶护套和塑料护套用得很少

4. 对电气装备用电线电缆的屏蔽层，下列叙述中不正确的是（　　）。

A. 屏蔽层主要用来屏蔽由电线电缆产生的电磁场对外界的干扰，不能屏蔽外界对电线电缆的干扰

B．半导电屏蔽层能与绝缘层紧密接触，把气隙屏蔽在工作场强之外

C．半导电屏蔽层代替导体形成了光滑圆整的表面，大大改善了表面的电场分布

D．高导磁材料可用于电磁屏蔽，如低碳钢、铁镍合金等

5．图 2-3 所示的屏蔽电线采用铝箔屏蔽和（铜网）编织屏蔽，该屏蔽层材料属于（　　）。

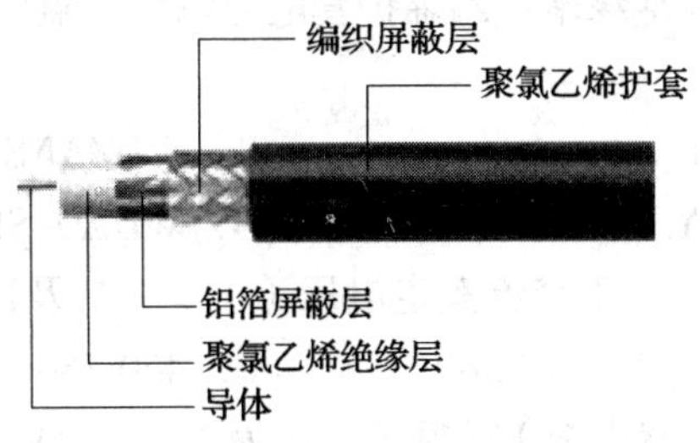

图 2-3　铝箔屏蔽和（铜网）编织屏蔽

A．高导电材料　　B．半导电材料　　C．高导磁材料　　D．以上均可

6．BV-105 和 BLV-105 型聚氯乙烯绝缘电线的长期允许工作温度不应超过（　　）℃。

A．65　　B．70　　C．105　　D．180

7．橡胶绝缘电线的长期允许工作温度不应超过（　　）℃。

A．65　　B．70　　C．105　　D．180

8．聚氯乙烯绝缘软线的长期允许工作温度不应超过（　　）℃。

A．65　　B．70　　C．105　　D．180

9．对电力和照明用铜芯聚氯乙烯绝缘软线，下列叙述中不正确的是（　　）。

A．能耐酸、碱、盐及多种溶剂腐蚀，还能耐霉菌、耐潮湿且阻燃

B．使用温度为 -30 ~ 70 ℃

C．敷设温度不低于 -105 ℃

D．电压等级为 300/500 V

10．对通用橡套软电缆，下列叙述中不正确的是（　　）。

A．通用橡套软电缆的导电线芯采用铜软线

B．导电线芯若镀锡，应在每一个导体的外面包一层由合适材料制成的隔离层

C．通用橡套电缆的绝缘层一般采用橡胶绝缘

D．绝缘线芯采用易于辨认的颜色进行分色

11．对橡胶绝缘与塑料绝缘控制电缆，下列叙述中不正确的是（　　）。

A．氯丁橡套电缆具有不延燃的特性

B．聚乙烯护套电缆有较好的耐寒性

C．聚乙烯绝缘控制电缆有较好的耐寒性，导电线芯的长期工作温度为 65 ℃

D．交联聚乙烯绝缘控制电缆导电线芯的长期工作温度为 65 ℃

12．聚氯乙烯绝缘聚氯乙烯护套控制电缆导体的长期允许工作温度为（　　）℃，敷设温度不应低于 0 ℃。

A．65　　B．70　　C．105　　D．180

13．长期工作温度为 105 ~ 135 ℃的阻燃控制电缆应选用（　　）。

A．聚氯乙烯绝缘　　B．化学（硅烷）交联聚乙烯绝缘

C．辐照交联聚乙烯绝缘　　D．以上均可

14．燃烧特性代号 ZA 的名称是（　　）。

A．阻燃 A 类　　B．阻燃 B 类　　C．阻燃 C 类　　D．阻燃 D 类

15．铜芯，交联聚乙烯绝缘聚氯乙烯护套电力电缆，阻燃 B 类，额定电压 0.6/1 kV，表示为（　　）。

A．ZB-YJV-0.6/1　　B．WDZANS-YJY-0.6/1

C．WDUZCNJ-KYJY-450/750　　D．WDZD-SEYYZ

16．仪表用控制电缆适用于交流额定电压（　　）V 及以下仪表用控制电缆产品。

A．110/220　　B．110/380　　C．450/750　　D．220/380

17．并排线缆（PVC 带状电缆）的额定电压为（　　）V，工作温度为 -20 ~ 80 ℃。

A．220　　B．300　　C．450　　D．750

18．对计算机控制电缆，下列叙述中不正确的是（　　）。

A．聚乙烯绝缘聚氯乙烯护套计算机电缆导体的长期允许工作温度为 70 ℃，固定敷设温度不应低于 -40 ℃，非固定敷设温度不应低于 -15 ℃

B．聚氯乙烯绝缘聚氯乙烯护套计算机电缆导体的长期允许工作温度为 70 ℃，固定敷设温度不应低于 -40 ℃，非固定敷设温度不应低于 -15 ℃

C．交联聚乙烯绝缘聚氯乙烯护套计算机电缆导体的长期允许工作温度为 70 ℃，固定敷设温度不应低于 -40 ℃，非固定敷设温度不应低于 -15 ℃

D．耐火计算机电缆用于要求电线电缆在着火的情况下仍然保持一定时间的继续运行、为灭火提供保证的场合

19．对电动机引接线，下列叙述中不正确的是（　　）。

A．电动机引接线的工作电压为 0.38 ~ 10 kV

B．电动机引接线的耐温与电动机的耐温等级要相匹配，且长期工作温度要比电动机的最高工作温度高 50 ~ 70 ℃

C．电动机引接线要耐浸渍、耐烘焙、耐寒且不延燃

D．电动机引接线的导体都用铜芯，采用柔软结构，导体单根铜线都镀锡

20．用于轻型移动电器设备和工具，最好选用（　　）型号的橡套软电缆。

A．YQ　　B．YZW　　C．YC　　D．YCW

21．固定敷设于室内，安装时要求电线具有柔软性，最好选用（　　）型号的聚氯乙烯绝缘电线。

A．BV　　B．BLV　　C．BVR　　D．BLVV

22．用于户外特别寒冷地区，最好不要选用（　　）型号的橡胶绝缘电线。

A．BX　　B．BXW　　C．BXY　　D．BXF

23．用于 45 ℃及以上的高温环境中，最好选用（　　）型号的聚氯乙烯绝缘软线。

A．RV　　B．RV-105　　C．RVV　　D．RVS

24．要求低温时柔软性好，最好选用（　　）型号的聚氯乙烯绝缘软线。

A．RV　　B．RVS　　C．RVVB　　D．RFS

25．电焊机用二次侧接线及电焊钳的连接线，最好选用（　　）型号。

A．RV　　B．RVS　　C．YTF　　D．YH

26．用于 180（H）、200 及以上（C）的电动机引接软线，最好选用（　　）型号。

A．JV　　B．JXN　　C．JH　　D．JZ

四、简答题

1．电气装备用电线电缆绝缘层材料的选取主要应考虑哪些因素？

2．电气装备用电线电缆护层（护套）的作用是什么？常用的护层（护套）有哪些类型？

3．电气装备用电线电缆铠装层的作用是什么？适用于什么场合？

4．常用的固定敷设配电电线电缆有哪几种？适用于什么场合？

5．聚氯乙烯绝缘电线适用于什么场合？

6. 橡胶绝缘电线适用于什么场合？

7. 农用直埋铝芯塑料绝缘塑料护套电线适用于什么场合？

8. 通用供电软电线电缆的特点是什么？适用于什么场合？

9. 聚氯乙烯绝缘软线适用于什么场合？

10. 橡胶绝缘编织护套软电线适用于什么场合？

11. 通用橡套软电缆适用于什么场合？

12. 电焊机电缆适用于什么场合？

13. 通用控制电缆适用于什么场合？

14. 橡胶绝缘与塑料绝缘控制电缆适用于什么场合？

15. 聚氯乙烯绝缘聚氯乙烯护套控制电缆适用于什么场合？

16. 阻燃控制电缆适用于什么场合？

17. 信号电缆适用于什么场合？

18. 仪表电缆主要有哪几种类型？适用于什么场合？

19. 阻燃型仪表电缆具有什么特点？适用于什么场合？

20. 带状电缆适用于什么场合？

21．计算机控制电缆适用于什么场合？

22．电梯电缆具有什么特点？适用于什么场合？

23．仪表和电器设备安装线具有什么特点？适用于什么场合？

24．防水橡套电缆具有什么特点？适用于什么场合？

25．选用电气装备电线电缆时应考虑哪些因素？

§2-5 电力电缆

一、填空题

1. 在电气工程中，电力电缆和______线的作用基本相同，都是用于______和______大功率电能的导线材料。

2. 电力电缆在结构上与电气装备用电线电缆类似，主要由________、________和________构成，除 1 ~ 3 kV 级的产品外，均需有________。

3. 电力电缆的外护层要求具有耐____、耐____、耐____和防____、防____、防____、防______、防______的“三耐”“五防”功能。

4. 电力电缆按电压等级分为________电力电缆和________电力电缆。

5. 常用的中低压电力电缆主要有__________电力电缆、__________电力电缆、________电力电缆等；高压电力电缆主要有________电力电缆、________电力电缆、__________电力电缆和____________电力电缆等。

6. 油浸纸绝缘电力电缆主要有________浸渍纸绝缘电力电缆和________浸渍纸绝缘电力电缆两种。

7. 塑料绝缘电力电缆主要有________绝缘电力电缆和______________绝缘电力电缆两种。

8. 我国生产的聚氯乙烯绝缘电力电缆的额定电压为______kV 和____kV，长期工作温度不超过____℃，敷设时环境温度不应低于______℃。

9. 聚氯乙烯绝缘电力电缆有______芯、______芯、______芯及四芯等结构。

10. 交联聚乙烯绝缘电力电缆的外护层一般采用________护套或__________护套，而不采用________护套。

11. 交联聚乙烯绝缘电力电缆主要用于______敷设，工频交流电压为____kV、____kV、____kV 及 35 kV 的输配电线路。

12. 交联聚乙烯绝缘电力电缆可分为________交联电缆和____________交联电缆两类。

13. 交联聚乙烯绝缘电力电缆的导电线芯主要是____芯和____芯结构。

14. 额定电压为 1 kV 及以下的架空绝缘电缆适用于交流额定电压为______kV 及以下的架空输配电线路。

15. 在额定电压为 1 kV 及以下的架空绝缘电缆中，聚氯乙烯、聚乙烯绝缘架空电缆的长期允许工作温度不超过____℃；交联聚乙烯绝缘架空电缆的长期允许工作温度不超过____℃。

16. 橡胶绝缘电力电缆有____芯、____芯、____芯及四芯等结构，导电线芯的形状只有____形，最大截面积为______mm^2。常用绝缘层材料为________橡胶、________橡胶和________橡胶等，我国主要采用________橡胶。护套主要有__________护套、__________护套和____护套三种。

17．电力电缆型号的选择应根据________、________、________________以及产品的技术数据等相关因素确定。

18．电力电缆在一般的环境和场所使用时，可以选用____芯电缆；对于规模较大的公共建筑、重要设备以及振动剧烈和有特殊要求的场合，应选用____芯电缆。

19．对于三相四线制供电系统，应选用____芯电力电缆；架空电缆可选择有外护层的电缆或________电缆。

20．沼泽、流沙和大型建筑物附近，在可能发生位移的土壤中埋地敷设电缆，应选择________电缆。

二、判断题

1．电力电缆包括 1 ~ 500 kV 及以上各种电压等级、各种绝缘的电力电缆。（　　）

2．电力电缆对电气绝缘性能、热性能的要求与普通电气装备用电线电缆相同。（　　）

3．与架空线相比，电力电缆的基建费用较低。（　　）

4．不滴流浸渍纸绝缘电缆的工作温度较高，无敷设落差限制，可取代普通黏性浸渍电缆。（　　）

5．中、低压聚氯乙烯绝缘电力电缆通常采用聚氯乙烯护套或聚乙烯护套。（　　）

6．10 kV 及以上的聚氯乙烯绝缘电力电缆导线表面须有绝缘屏蔽层。（　　）

7．6 kV 及以上的聚氯乙烯绝缘电力电缆绝缘层表面有半导电材料和金属带或金属丝组成的屏蔽层。（　　）

8．对于电压等级在 6 ~ 10 kV 的三芯交联聚乙烯绝缘电力电缆，线芯形状有圆形和扇形两种。（　　）

9．对于电压等级在 20 ~ 30 kV 及以上的三芯交联聚乙烯绝缘电力电缆，线芯形状只有扇形。（　　）

10．20 ~35 kV 及以下的多芯电力电缆常共用一个金属护套，这种结构称为统包型结构。（　　）

11．10 kV 的电力电缆，若每个绝缘线芯都有铅（铝）护套，这种结构称为分相铅（铝）包型结构。（　　）

12．塑料绝缘电力电缆没有敷设落差的限制，电力电缆的敷设、维护和连接较为简便，应用广泛。（　　）

13．对埋地敷设的电力电缆，适宜选用有外护层的铠装电缆。（　　）

14．在没有机械损伤的场合，可选用塑料护套电缆、带外护套的铅（铝）包电缆。（　　）

15．在有化学腐蚀的土壤中，不宜采用埋地敷设电缆；当必须埋地敷设时，应选择防腐型电缆。（　　）

16．在电缆沟或电缆隧道内敷设的电力电缆，可选用裸铠装电缆、裸铅（铝）包电缆或阻燃塑料护套电缆。（　　）

17．敷设在管内或排管内的电力电缆，可选用塑料护套电缆或裸铠装电缆，以及

特殊加厚的裸铅（铝）包电缆。 （ ）

三、选择题

1. 对电力电缆，下列叙述中不正确的是（ ）。

A. 电力电缆对导电性能、电气绝缘性能、热性能以及护套的材料与结构的要求比普通电气装备用电线电缆低

B. 电力电缆导体线芯一般用导电性能良好的铜或铝制成，用以减少输电线路上的电能损耗和压降损失

C. 绝缘层一般用油浸纸、塑料和橡胶绝缘等绝缘材料制成，用以将导体和相邻的导体以及保护层隔离，要求绝缘性能良好、经久耐用且有一定的耐热性能

D. 用聚氯乙烯护套、氯丁橡胶护套和铝护套保护绝缘层，以防外力损伤和水分浸入，并使电力电缆具有一定的力学强度

2. 中低压电力电缆的电压一般是指（ ）。

A. 35 kV 及以下　　B. 110 kV 以上

C. 275 ~ 800 kV　　D. 1 000 kV 及以上

3. 高压电力电缆的电压一般是指（ ）。

A. 35 kV 及以下　　B. 110 kV 以上

C. 275 ~ 800 kV　　D. 1 000 kV 及以上

4. 对油浸纸绝缘电力电缆，下列叙述中不正确的是（ ）。

A. 油浸纸绝缘电力电缆采用电缆纸和黏性浸渍剂的组合绝缘

B. 10 kV 及以下的多芯油浸纸绝缘电力电缆常共用一个金属护套，这种结构称为统包型结构

C. 20 ~ 35 kV 的油浸纸绝缘电力电缆，若每个绝缘线芯都有铅（铝）护套，这种结构称为分相铅（铝）包型结构

D. 普通黏性浸渍纸绝缘电力电缆和不滴流浸渍纸绝缘电力电缆的结构、浸渍剂完全相同

5. 对聚氯乙烯绝缘电力电缆，下列叙述中不正确的是（ ）。

A. 聚氯乙烯绝缘电力电缆有敷设落差的限制

B. 聚氯乙烯绝缘电力电缆有较好的耐油、耐酸、耐碱和耐腐蚀性

C. 在电气工程中，聚氯乙烯绝缘电力电缆已基本取代了油浸纸绝缘电力电缆

D. 聚氯乙烯绝缘电力电缆的力学性能易受温度影响，同时聚氯乙烯的电气性能低于聚乙烯

6. 凡是额定电压在（ ）kV 以上的交联电缆都应有导体屏蔽和绝缘屏蔽。

A. 1　　B. 1.8　　C. 20　　D. 35

7. 中低压交联电缆的电压等级范围为（ ）。

A. 1 kV 及以下　　B. 1 ~ 35 kV　　C. 110 kV 以下　　D. 110 kV 及以上

8. 高压及超高压交联电缆的电压等级为（ ）。

A. 1 kV 及以下　　B. 1 ~ 35 kV　　C. 110 kV 以下　　D. 110 kV 及以上

9．对交联聚乙烯绝缘电力电缆，下列叙述中不正确的是（ ）。

A．交联聚乙烯绝缘电力电缆长期允许的工作温度可达 90 ℃

B．交联聚乙烯绝缘电力电缆的质量轻，适用于高落差敷设和垂直敷设

C．交联聚乙烯绝缘电力电缆的抗电晕、游离放电性能差

D．在中、低压系统中，交联聚乙烯绝缘电力电缆不能取代油浸纸绝缘电力电缆

10．在额定电压为 10 kV 和 35 kV 的架空绝缘电力电缆中，高密度聚乙烯绝缘架空电缆的长期允许工作温度不超过（ ）℃。

A．45　　B．60　　C．75　　D．90

11．橡胶绝缘电力电缆用于直流电力系统中时，电缆的工作电压可为交流电压的（ ）倍。

A．2　　B．4　　C．6　　D．8

12．（ ）不宜敷设于落差较大的场合。

A．普通黏性浸渍纸绝缘电力电缆　　B．不滴流浸渍纸绝缘电力电缆

C．聚氯乙烯绝缘电力电缆　　D．交联聚乙烯绝缘电力电缆

13．下列（ ）型号属于交联聚乙烯绝缘电力电缆。

A．YJV　　B．VV　　C．JKV　　D．FF

14．下列（ ）型号属于橡胶绝缘电力电缆。

A．FG　　B．XLV　　C．YJLV　　D．VLY

15．下列（ ）型号为聚氯乙烯绝缘聚氯乙烯护套电力电缆。

A．VV　　B．VY　　C．YJY　　D．JKY-0.6/1

16．下列（ ）型号为交联聚乙烯绝缘聚乙烯护套电力电缆。

A．FVR　　B．YJV　　C．YJY　　D．XLF

四、简答题

1．在电力电缆中广泛应用铝护套的原因是什么？

2．油浸纸绝缘电力电缆具有什么优点？适用于什么场合？

3．聚氯乙烯绝缘电力电缆适用于什么场合？

4．交联聚乙烯绝缘电力电缆具有什么特点？

5．氟塑料绝缘电力电缆具有什么特点？适用于什么场合？

6．橡胶绝缘电力电缆具有什么特点？适用于什么场合？

§2–6　通信电缆和光缆

一、填空题

1．通信电缆是一种____电压、____功率、____频率和衰减____、防干扰性能____的传输电缆。

2．通信电缆与电气装备用电线电缆、电力电缆在结构上是类似的，都由

________、________、________、________和填充料等部分组成。

3. 通信电缆按电缆芯线的结构可分为______电缆和________电缆两大类。

4. 常用通信电缆主要有______________电缆、______电缆和数据通信中的______电缆等。

5. 按绝缘形式，全塑电缆的芯线分为________绝缘、________绝缘和___________绝缘三种。

6. 市内通信电缆的缆芯由芯线________（或组）后，再将若干对（或组）按一定规律________而成。绞合有________和________两种方式，我国都采用________形式。

7. 对绞线组内绝缘芯线的颜色有______色谱和____色谱两种。

8. 全塑电缆是指电缆的____________、_____________和________均采用塑料制成。

9. 全色谱由______种颜色两两组合成______个组合，a 线：白、____、黑、____、紫；b 线：____、橘、____、棕、灰。

10. 特殊型全塑电缆主要有________电缆、________电缆和________电缆三种。

11. 室内全塑电缆芯线的绝缘及护套均由__________材料制成，有______性。

12. 射频同轴电缆有________同轴电缆和________同轴电缆两种基本类型。

13. 宽带同轴电缆适用于传输________信号，也可以传输________信号，其屏蔽层通常是用铝冲压而成的，特性阻抗为____Ω。

14. 根据同轴对的尺寸，同轴通信电缆可划分为____同轴电缆、____同轴电缆、____同轴电缆和____同轴电缆。

15. 按照是否有金属屏蔽，对绞电缆可分为______双绞线电缆和________双绞线电缆两种。

16. 屏蔽双绞线分为______屏蔽双绞线（FTP）和____________屏蔽双绞线（STP）两类。

17. 裸光纤主要由________和________构成。

18. 光缆一般由________、________（加强件等）和________三部分组成。

19. 护层具有__________、__________、耐压、__________等特性，主要是对已成缆的光纤芯线起________作用，避免受外界机械力和环境破坏。

20. 按结构特点，光缆可分为_________式光缆、________式光缆和________式光缆。

21. ________是指二次被覆层与一次涂覆层之间存在间隙或充填胶状物，光纤可在其中松动的被覆结构。

二、判断题

1. 对称电缆的芯线两两成对，但其线对中的两根绝缘芯线与地是不对称的。（　　）

2. 同轴电缆是对称电缆。（　　）

3. 全塑市话通信电缆的芯线由金属导线和绝缘层组成。（　　）

4. 全塑市话通信电缆属于宽频带不对称电缆。（　　）

5. 在所有的全塑电缆中，普通型全塑电缆的用量最多，适用于架空、管道、墙壁及暗管等场所。（　　）

6. 室内全塑电缆的内部结构与普通型全塑电缆一样，均为对绞式屏蔽塑套结构。（　　）

7. 除非是在电磁干扰非常恶劣的环境中，通常在网络布线中只采用非屏蔽双绞线。（　　）

8. 超五类非屏蔽双绞线有 4 个绕对和 1 条抗拉线。（　　）

9. 六类非屏蔽双绞线电缆中央的十字骨架的主要作用是保持 4 对双绞线的相对位置。（　　）

10. 设备内光缆既能传输电力，又能实现无感应和无串话的数据通信。（　　）

三、选择题

1. 对通信电缆，下列叙述中不正确的是（　　）。

A. 对绞通信电缆是不对称电缆

B. 对称电缆的传输频率通常要求在几百千赫兹以下

C. 同轴电缆一般工作在高频范围，其衰减很小，防护性能很强

D. 同轴电缆特别适宜于长距离和高频率（几十千赫兹至几十兆赫兹）的传输

2. 对全塑市话通信电缆，下列叙述中不正确的是（　　）。

A. 全塑市话通信电缆的芯线由金属导线和绝缘层组成

B. 全塑市话通信电缆的金属导线为电解软铜，铜线的线径主要有 0.32 mm、0.4 mm、0.5 mm、0.6 mm 和 0.8 mm 五种

C. 全塑市话通信电缆芯线的绝缘材料一般选用聚烯烃塑料

D. 全塑市话通信电缆属于宽频带不对称电缆

3.（　　）全塑电缆多为石油膏填充，主要用于无须进行充气维护或对防水性能要求较高的场合。

A. 填充型　　B. 自承式　　C. 室内　　D. 以上均可

4.（　　）全塑电缆是一种比较受欢迎的、用于架空场合的全塑电缆，它无须吊线即可直接架挂在电杆上，多用于墙壁架设。

A. 填充型　　B. 自承式　　C. 室内　　D. 以上均可

5. 基带同轴电缆适用于基带传输，其屏蔽层是用铜做成的网状形，特性阻抗为（　　）Ω。

A. 50　　B. 75　　C. 100　　D. 150

6. 特性阻抗为（　　）Ω 的同轴电缆称为有线电视电缆。

A. 50　　B. 75　　C. 100　　D. 150

7. 在对绞电缆中，由（　　）对双绞线按照一定规律相互绞合在一起的电缆是使用最广泛的网络传输介质，主要用作计算机和网络设备的数据传输以及语音和多媒体传输。

A. 1　　B. 2　　C. 3　　D. 4

8.（　　）适用于电磁干扰较为严重或对数据传输安全性要求较高的布线区域。

A. 铝箔屏蔽双绞线（FTP）　　B. 独立双层屏蔽双绞线（STP）

C. 超五类 UTP　　D. 六类 UTP

9.（　　）被应用于电磁干扰非常严重、对数据传输安全性要求很高或对网络数据传输速率要求很高的布线区域。

A．铝箔屏蔽双绞线（FTP）　　B．独立双层屏蔽双绞线（STP）

C．超五类 UTP　　D．六类 UTP

10.（　　）主要用于加强承受光缆敷设安装时所加的外力，通常用钢丝或非金属材料制作。

A．加强芯　　B．缆芯　　C．护层　　D．光纤被覆层

11．光信号主要在（　　）中传输。

A．纤芯　　B．包层　　C．被覆层　　D．六类 UTP

12.（　　）光缆由多根容纳光纤的套管绕中心加强件绞合成圆缆芯构成。

A．中心管式　　B．层绞式　　C．骨架式　　D．以上均可

13.（　　）型号适用于在有线电视系统和其他电子装置中作为电视信号的分配。

A．SYV　　B．SYWV　　C．HYAT　　D．HPVV

14.（　　）适用于在无线电通信广播设备和有关无线电电子设备中传输射频信号。

A．实心聚乙烯绝缘射频电缆

B．发泡聚乙烯绝缘射频电缆

C．聚氯乙烯绝缘和护套低频通信终端电缆

D．铜芯实心聚烯烃绝缘挡潮层聚乙烯护套全塑市话通信电缆

15.（　　）光缆主要应用在大楼内的局域网中或作为室外光缆线路的室内引入缆，要求光缆必须具有阻燃特性。

A．直埋　　B．室内　　C．设备内　　D．海底

四、简答题

1．什么是通信电缆？它具有什么特性？

2．全塑市话通信电缆具有什么特点？

3．在网络布线中为什么只采用非屏蔽双绞线？

第三章　特殊功能导电材料

§3-1　电 碳 材 料

一、填空题

1．在电碳制品中，______的应用最广，主要用作抗磨材料和润滑剂，还用于制造______等。

2．电碳制品按用途可分为电机用________、电滑动________、电真空器件用高纯________零件、碳电阻、碳棒、送话器用碳砂、电火花加工用石墨等。

3．电刷具有良好的______、______和润滑性能，有一定的强度和抑制换向性______的性能。

4．电刷按材质的不同可分为________电刷（S 系列）、__________电刷（D 系列）、__________电刷（J 系列）和______________电刷（R 系列）等。

5．树脂黏合石墨电刷（R 系列）的________非常高，也被称为______电刷。

6．通常用瞬间接触________和________系数两个参数来衡量电刷的接触特性。

7．影响电刷接触特性的主要因素有换向器（或集电环）的________、________、施加于电刷上的单位______以及周围介质情况等。

8．高速电机应选用摩擦因数较____的电刷。

9．电刷主要有________和________两种外形。

10．辐射式电刷又称________电刷，常用的有________辐射式和上端面倾斜的辐射式两种。

11．倾斜式电刷可分为________电刷和________电刷两种。

12．电池用碳棒通常用作电池组的______极。

13．________________________________式电刷适用于单向运转和正反向运转的电机；______________式电刷适用于轧钢主发电机和励磁机等单向旋转电机；______________式电刷适用于可逆转电机及大容量单向旋转直流电机。

二、判断题

1．石墨具有类金属的高导电能力和明显的各向同性。（　　）

2．当有外力作用时，石墨的层面容易发生滑移，表现为自润滑特性。（　　）

3．电刷是一种在电机的换向器或滑环上导入 / 导出电流的滑动接触体导电部件。（　　）

4．电化石墨电刷是用石墨、焦炭作为原料，经近 2 500 ℃以上高温处理制成的。

（ ）

5. 金属石墨电刷是在石墨中渗入铜及少量锡、铅、银等金属粉末，混合后采用粉末冶金的方法制成的。（ ）

6. 纯金属电刷的导电性极好，电刷上的损耗也不大，但其耐磨性差，电机的使用寿命短。（ ）

7. 对换向器来说，如果接触电压降值过高，则可能在电刷上出现火花。（ ）

8. 对于转速高的小型电机和在振动条件下工作的电机，应适当降低其单位压力，以保证电刷的正常工作。（ ）

9. 施加于同一台电机上各个电刷的单位压力应当均匀，避免因各个电刷的电流密度不均而造成个别电刷过热或出现火花。（ ）

10. 碳纤维增强环氧树脂复合材料的比强度和比模量在现有工程材料中是最高的。（ ）

11. 上端面倾斜的辐射式电刷只用于单向运转的电机，因为电刷与刷握前壁紧靠，所以能保证稳定运行。（ ）

三、选择题

1.（ ）属于结晶碳。

A. 石墨　B. 焦炭　C. 木炭　D. 炭黑

2. D 系列电刷是（ ）电刷。

A. 天然石墨　B. 电化石墨　C. 金属石墨　D. 树脂黏合石墨

3.（ ）电刷刷片薄，不能承受大电流，常用于微型电机。

A. 石墨　B. 电化石墨　C. 金属石墨　D. 纯金属

4.（ ）的电刷一般用于换向困难的电机。

A. 电阻系数值高　B. 电阻系数值低

C. 电阻系数值不高也不低　D. 以上均可

5. 低速电机宜采用（ ）电刷。

A. 石墨　B. 电化石墨　C. 金属石墨　D. 纯金属

6. 对换向困难的特殊高速电机（速度大于 70 m/s），必须选用特殊的（ ）电刷。

A. 石墨　B. 电化石墨　C. 金属石墨　D. 纯金属

7. 换向正常、负荷均匀、电压不高的直流电机，可选用润滑性好、硬度小、价格低的（ ）电刷。

A. 石墨　B. 电化石墨　C. 金属石墨　D. 纯金属

8. 对电压比较低，但电流大的电机，选用（ ）电刷比较合适，可以降低能耗，防止电机过热。

A. 石墨　B. 电化石墨　C. 金属石墨　D. 纯金属

9. 对电压高、换向较困难的电机，应选用接触电压降较高的（ ）电刷。

A. 石墨　B. 电化石墨　C. 金属石墨　D. 纯金属

10. 对碳纤维，下列叙述中不正确的是（ ）。

A. 碳纤维具有密度小、耐高温、抗摩擦、导电、导热及耐腐蚀等特性

B．碳纤维的外形呈纤维状，柔软，可加工成各种织物，沿纤维轴方向有很高的比强度和比模量

C．碳纤维主要用作增强材料，可与树脂、金属、陶瓷结合制成复合材料

D．碳纤维复合材料不能用于电线电缆

四、简答题

1．电碳制品有哪些特性？

2．树脂黏合天然石墨电刷（S 系列）具有什么特点？适用于什么场合？

3．石墨电刷具有什么特点？适用于什么场合？

4．电化石墨电刷具有什么特点？适用于什么场合？

5．金属石墨电刷具有什么特点？适用于什么场合？

6．选用电刷时应满足哪些要求？

7．简述选用电刷时的注意事项。

8．碳－石墨触点具有哪些特性？适用于什么场合？

§3-2　电触头材料

一、填空题

1. 触头在开闭动作过程中，由于电弧的作用使触头表面金属熔融、蒸发、飞溅而散失，这种现象称为________。

2. 在闭合状态下，由于触头通过很大的短路电流或过载电流，使触头发生过热而形成的熔焊，称为________。触头在闭合过程中，由于弹跳而产生电弧，致使触头熔焊，称为________。

3. 电触头材料的种类很多，常用的有________、________、炭素等。按使用条件不同，电触头材料分为________用触头材料和________用触头材料两类。

4. 强电用触头材料是指用于电力系统的接触器、继电器等________线路中的_________材料，主要是以______、_____为主的合金材料。

5. 强电用触头材料分为________触头材料和________触头材料两种。

6. 弱电用触头材料分为______合金、______合金、银及其合金和钨及其合金四类。

7. 在高湿度下使用的电触头材料，应选用耐腐蚀性能良好的______基、______基、______基和银基合金等。

8. 真空接触器操作频繁，常在小电流下分断，应选用__________与截流较小的电触头材料，如______________和__________________等。

9. 电触头的接触形式分为______接触、______接触和______接触。

二、判断题

1. 电磨损的程度决定了触头的使用寿命。（　　）

2. 如果触头熔焊后的强度大于开关的机械分断力，触头将不能正常断开，会造成严重的事故。（　　）

3. 弱电用触头材料是指用于仪器、仪表及自动控制弱电线路中的电接触材料，其承受电流小，电压低。（　　）

4. 在直流条件下使用弱电电触头材料时，可选用导热系数低的材料作为阳极，以防止材料从阳极向阴极的正向转移。（　　）

5. 高压断路器的闭合力大，触头开距大，电弧强，常选用钨粒度较细的高韧性材料，以消除触头碎裂隐患。（　　）

6. 较大容量的真空接触器应选用不含钨的触头材料，钨的剩余电流大，限制了电流分断能力。（　　）

7. 对轻负载触头，当条件不允许提高其接触压力时，应选用贵金属合金作为触头材料。（　　）

8. 当触头的最大间隙因受条件限制不能增大时，为避免产生持续的电弧，应选用灭弧性能较好的电触头材料。（　　）

三、选择题

1. 强电用触头材料主要是以（　　）为主的合金材料。

A. 银、铜　　B. 铜、铁　　C. 锡、铅　　D. 铝、锡

2. 真空开关触头材料最好选用（　　）材料。

A. 银氧化镉　　B. 银镍　　C. 银碳化钨　　D. 铜铋铈

3. 低压中小电流等级的接触器、断路器、精密仪表、继电器用触头材料最好选用（　　）材料。

A. 银氧化镉　　B. 银镍　　C. 银钨　　D. 铜石墨

4.（　　）触头材料的抗熔焊性能较差，易受大气侵蚀而形成锈斑，适用于中、小电流等级的交流接触器。

A. 银氧化铜　　B. 银镍　　C. 银钨　　D. 银铁

5.（　　）触头材料的耐电弧性好，烧损少，适用于制作高压断路器及中、高压范围负荷开关和断路器的弧触头，以及油断路器的主触头。

A. 银氧化镉　　B. 银石墨　　C. 铜碳化钨　　D. 铜铋银

6.（　　）触头材料可用作电刷和集电环材料。

A. 金　　B. 金银合金

C. 金银铜合金　　D. 金镍和金银镍合金

7. 额定电流在 100 A 以下的接触器，最好选用（　　）强电电触头材料。

A. Ag–Fe　　B. Ag–CdO　　C. Ag–W　　D. Ag–WC

8. 真空断路器的分断容量为 100 mV · A 左右时，常选用（　　）触头材料。

A. 铜铋合金　　B. 铜碲硒合金

C. 铜铋银合金　　D. 银钨

9. 在汽油或其他油料环境中，常选用（　　）触头材料。

A. 铂基合金　　B. 钯基合金　　C. 金基合金　　D. 钨

10. 在硫化气体中使用的电触头材料，应选用耐腐蚀能力较强的（　　）。

A. 铂基合金或钯基合金　　B. 银基合金

C. 金基合金　　D. 钨合金

11.（　　）的应用最广，压力不大时接触处的压强较高，接触电阻较小，触头的自洁作用强。

A. 点接触　　B. 线接触　　C. 面接触　　D. 以上均可

12.（　　）的容量小，接触面较小，接触电阻相对较大，即使加大接触压力，接触电阻的下降也并不迅速，常用于控制电器或开关电器的辅助触点。

A. 点接触　　B. 线接触　　C. 面接触　　D. 以上均可

13.（　　）的接触面大，接触电阻小，但需要有较大的压力才能使其接触良好，自洁作用差，常用于电流较大的固定连接和低压开关电器等。

A. 点接触　　B. 线接触　　C. 面接触　　D. 以上均可

14. 弱电电触头材料在有电感的回路中，或触头运动速度快、分断时将出现高的电压峰值的场合最好选用（　　）触头材料。

A．贵金属合金　　　　B．灭弧能力较好的

C．耐腐蚀性好的　　　　D．电磨损小的

四、简答题

1．什么是电触头材料？它具有什么特点？

2．对强电用触头材料有什么要求？

3．对弱电用触头材料有什么要求？

4．银氧化铜、银氧化锌和银氧化锡电触头材料具有什么特点？适用于什么场合？

5．银铜合金电触头材料具有什么特点？适用于什么场合？

6. 为什么小电流触头应选用硬度较高的触头材料?

7. 应根据电器开关的哪些电气性能条件选择电触头材料?

§3–3 熔体材料

一、填空题

1. 熔体材料是一种用来保护线路或电器免受过大______损害的电工材料，俗称________，多用作________熔体。

2. 熔体材料按材料特性可分为___________熔体材料和_____________熔体材料两种。

3. 熔体材料按使用场合和性能要求的不同可分为_______熔体、______熔体和______熔体三种。

4. 锌或铅－锡类合金等低熔点的熔体材料（也称________熔体），其熔断时间______，有一定的延时，适用于电机的______保护。

5. 银、铝等纯金属、高熔点的熔体材料，其熔断时间______，可用于制作_______熔体，作_______保护用。

6. 熔体的形状一般有____状和____状两种，____状熔体多用于小电流的场合。

7. 改变熔体变截面的形状可以显著改变熔断器的______特性。

8. 根据______性质、________高低、电流大小、________类型等因素确定熔体的主要参数，如熔体的额定______、熔断电流等。

9. 对照明、电热设备等类型的阻性负载，熔断器主要用作______与______保护，选择熔体的额定电流应为负载额定电流的_________倍。

10. 对单台电动机的短路保护，可选熔体的额定电流值为电动机额定电流的_________倍；当不能满足启动要求时，可选取不大于______倍。

11. 对多台电动机的短路保护，熔体的额定电流≥_________倍容量最大的一台电动机的额定电流，再加上其余电动机的额定电流的____和。

二、判断题

1. 熔体的熔断时间不仅与电流的大小有关，还与熔体材料的特性有关。（　　）

2. 低熔点合金熔体材料的熔点低，对温度变化反应迟钝，不容易熔断，电阻率较大，熔断时产生的金属蒸气较多。（　　）

3. 高熔点材料的熔点高，不容易熔断，电阻率较低，可制成比低熔点熔体小的截面尺寸，熔断时产生的金属蒸气少。（　　）

4. 钨丝、镍铬丝和康铜丝的电阻率高，几何尺寸精度好，适于作各种大容量熔断器的熔体。（　　）

5. 高熔点熔体的熔断时间长，有一定的延时，称为慢速熔体，适于作电机的过载保护。（　　）

6. 低熔点熔体的熔断时间短，称为快速熔体，常用作短路保护。（　　）

7. 铝质熔体的熔断特性稳定，特别适用于慢速熔断器的熔体，可代替纯银作为熔断器的熔体。（　　）

8. 在负载电流的反复作用下，铜质熔体全部熔化的时间要比其通过连续相同电流所需要的时间短。（　　）

9. 额定电流在 10 A 以下的熔体采用线状或等截面矩形狭带状熔体结构。（　　）

10. 熔断电流与熔体的材质、截面、长度以及使用环境等因素无关。（　　）

三、选择题

1. 低熔点合金熔体材料是由铋、镉、（　　）、锑、铟等元素作为主要成分，按一定比例组成不同的共晶型低熔点合金。

A. 锡、铅　　B. 银、铜　　C. 铜、铁　　D. 铝、银

2. 低熔点合金熔体材料的熔点一般为（　　）℃。

A. 0 ~ 50　　B. 50 ~ 100　　C. 60 ~ 200　　D. 100 ~ 300

3. 高熔点纯金属熔体材料是指熔点温度高于（　　）℃的银、铜、铝、锡、铅、锌等纯金属材料。

A. 50　　B. 100　　C. 200　　D. 300

4. 对高熔点纯铜金属熔体材料，下列说法中不正确的是（　　）。

A. 铜具有良好的导电、导热性能，强度高，可加工性能好

B. 铜质熔体的熔断时间长，金属蒸气少，不利于设备的灭弧

C. 铜质熔体在温度较高时易氧化，而且其熔断特性不够稳定，对周期性变化的负载非常敏感

D. 铜只适用于制作精度要求较低且是保护一般电力线路用的熔断器熔体

5. 对高熔点纯铝金属熔体材料，下列说法中不正确的是（　　）。

A. 铝的导电性能仅次于银和铜，并且资源丰富，价格低廉

B. 铝的热电常数比银和铜低，耐氧化性能较好

C. 铝在氧化过程中生成的氧化层能起到保护作用，防止其自身的进一步氧化

D. 铝质熔体的熔断特性稳定，特别适于作慢速熔断器的熔体，在某些场合还

可以部分代替纯银作为熔断器的熔体

6. 对高熔点纯锌、锡和铅金属熔体材料，下列说法中不正确的是（　　）。

A. 锌、锡和铅的导电性、导热性均好于银、铜、铝等熔体材料

B. 锌、锡和铅容易老化，熔化时间长，强度低

C. 锌、锡和铅适于作保护小型电动机的慢速熔断器的熔体，也可焊接在银或铜线上组成复合熔体，用于延时熔断器

D. 用锌、锡和铅制作熔体材料，可以降低制作熔断器的成本

7.（　　）的特点是具有长期负载电流的能力，在线路故障时，能在规定的时间内分断故障电流。

A. 一般熔体　　B. 快速熔体　　C. 特殊熔体　　D. 以上均可

8.（　　）在正常工作条件下，功率损耗较小；在过载或短路的情况下，能有效、准确、迅速地切断故障电流，主要用于半导体整流元件或整流装置的短路保护。

A. 一般熔体　　B. 快速熔体　　C. 特殊熔体　　D. 以上均可

9.（　　）具有温度大于 100 ℃时电阻率呈非线性突变的特点，如金属钠、钾等。

A. 一般熔体　　B. 快速熔体　　C. 特殊熔体　　D. 以上均可

10.（　　）适于作自复式熔断器的熔体材料。

A. 银和铜　　B. 钠和钾　　C. 铝和金　　D. 锌、锡和铅

11. 用作温度熔断器的熔体，最好选用（　　）。

A. 铜基合金

B. 银基合金

C. 钨丝

D. 以锡、铅、铋和镉等为主的共晶型低熔点合金

12. 用作 RC_1A 或 RM 型熔断器的可更换熔体，最好选用（　　）。

A. 铝带　　B. 康铜丝　　C. 镍铬丝　　D. 铅丝

13. 用作一般线路保护型的（gG 和 aM）熔断器的熔体，最好选用（　　）。

A. 铜（铜基合金）丝或带　　B. 康铜丝、镍铬丝

C. 金属钠　　D. 铅丝

14. 用作熔断指示器的熔体，最好选用（　　）。

A. 铜（铜基合金）丝或带

B. 康铜丝、镍铬丝

C. 银（银基合金）丝或带、铜银复合带、铝带

D. 铅丝、锌片

15. 用作整流装置用的（gR 和 aR）快速熔断器的熔体，最好选用（　　）。

A. 钨丝

B. 康铜丝、镍铬丝

C. 银（银基合金）丝或带、铜银复合带、铝带

D. 以锡、铅、铋和镉等为主的共晶型低熔点合金

16. 额定电流大于 10 A 的熔体常用（　　）结构。

A．线状　　B．等截面矩形狭带状
C．变截面带状　　D．以上均可

17．对交流电弧焊机电路中的熔体，考虑到焊接引弧时的短路冲击电流较大，熔体的额定电流值应为电焊机功率（单位：kW）数值的（　　）倍（以单机计）。

A．1.3 ~ 2　　B．1.5 ~ 2.5　　C．3　　D．4 ~ 6

四、简答题

1．低熔点合金熔体材料具有什么特点？适用于什么场合？

2．高熔点纯金属熔体材料具有什么特点？适用于什么场合？

3．高熔点纯银金属熔体材料具有什么特点？适用于什么场合？

4．什么是复合熔体？适用于什么场合？具有什么作用？

5. 带状熔体的V形变截面具有什么作用？

§3-4 电阻合金和电热材料

一、填空题

1. 电阻合金是一种用于制造__________的合金导电材料，具有温度系数____、稳定性好、力学强度____、耐____等特点。

2. 电阻合金按用途可分为_________用电阻合金、_________用电阻合金、_____用电阻合金和___________用电阻合金四大类。

3. 常用的调节元件用电阻合金有_______（镍铜）、新康铜、_______、_________、铁铬铝等。

4. 牌号为6J40的康铜，“J”表示_____合金，“6”表示该品种为精密合金中的_____合金类型，“40”为合金牌号的序号，用____元素（除铁外）的百分含量中值表示。

5. 电工仪表用锰铜电阻合金主要用作_______、电位差计及____________等电工仪表中的电阻元件。

6. 分流器用锰铜电阻合金分为_____级和_____级两种。_____级用于准确度较高的分流器；_____级用于精密电阻器、分流器和一般电阻器。

7. 高阻值小型精密电阻元件用电阻合金能加工成细线或轧制成薄膜，分为_____线和_________线两种。

8. 常用电位器用电阻合金一般采用_______和镍铬基合金以及滑线_______。

9. 电位器用贵金属电阻合金有____基、____基、____基及银基等。

10. 高阻值小型精密电阻元件主要用于___________、_____________、高限位电阻器、_________等，也可用于制作_______。

11. 应变元件用电阻合金制成的传感元件主要用于测量_______、__________和应力等。

12. 温度补偿用电阻合金具有_______电阻温度系数，其电阻值随温度的上升而_______，适用于在电工仪表中作为线路的_________。

13. 测量温度用电阻材料具有较高的_____电阻温度系数，并且电阻值随温度的上升而显著_____。

14. 常用的高电阻电热合金主要有________电热合金、_______电热合金、_______电热合金等。

15．高电阻电热合金主要用于制造各种电阻加热设备的______元件。

二、判断题

1．新康铜与康铜电阻合金相比，价格低，在较多方面能够代替康铜，适用于制造各种电器变阻器和电阻元件。（　　）

2．新康铜的抗氧化性能比康铜好。（　　）

3．镍铬和镍铬铁的电阻温度系数较高，焊接性较差。（　　）

4．铁铬铝具有电阻率比康铜类、镍铬类大，抗氧化性能比镍铬类好，耐高温，能承受高负载等特点，但焊接性较差。（　　）

5．精密元件用电阻合金一般被制成高强度聚酯漆包线。（　　）

6．电工仪表用锰铜电阻合金在 50 ~ 100 ℃条件下使用时，仪表的准确度和稳定性很高。（　　）

7．用铂基合金制备的线绕电阻应尽量避免在有机物环境中使用。（　　）

8．钯基电阻合金的耐腐蚀性和抗氧化性不如铂基合金，在有机物环境中不会产生“褐粉”。（　　）

9．金对有机蒸气有惰性，适宜在有机物环境中使用。（　　）

10．银基电阻合金易被硫或硫化氢气体腐蚀，生成硫化银膜，造成接触不良。（　　）

11．电工用电热材料是一种在电气设备中把热能转变为电能的材料。（　　）

12．高熔点纯金属材料的工作温度一般比合金低，并需要在保护气体中工作。（　　）

三、选择题

1．调节元件用电阻合金的工作温度一般为（　　）℃。

A．100　　B．200　　C．500　　D．1 000

2．对康铜，下列叙述中不正确的是（　　）。

A．康铜特别适宜在直流电路中使用

B．康铜可用于制作仪器仪表、电子以及工业设备中的电阻等元件

C．康铜可用于制作精密电阻、滑动电阻、电阻应变计等

D．康铜可用作热电偶和热电偶补偿导线材料，其使用温度不高于 500 ℃

3．新康铜的牌号为（　　）。

A．6J40　　B．6J11　　C．6J15　　D．6J20

4．制造精密电阻，最好选用（　　）材料。

A．康铜　　B．新康铜　　C．镍铬和镍铬铁　　D．铁铬铝

5．制造功率较大的电动机启动、调速、制动的变阻器，最好选用（　　）材料。

A．康铜　　B．新康铜　　C．镍铬和镍铬铁　　D．铁铬铝

6．（　　）是理想的高电阻电热合金材料。

A．康铜　　B．新康铜　　C．镍铬和镍铬铁　　D．铁铬铝

7．（　　）材料常用于制作大功率变阻器。

A．康铜 B．新康铜 C．镍铬和镍铬铁 D．铁铬铝

8．电工仪表用锰铜电阻合金在（ ）℃附近的电阻随温度变化的误差很小。

A．0 B．20 C．100 D．1 500

9．分流器用锰铜电阻合金工作温度在（ ）℃范围内使用较好，可用在温升较高、温度变化范围较宽的分流器或分压器上。

A．0 ~ 30 B．30 ~ 50 C．50 ~ 100 D．100 ~ 200

10．在有机物环境中使用，最好选用（ ）贵金属电位器用电阻合金材料。

A．铂基 B．钯基 C．金基 D．银基

11．（ ）电阻合金的电阻温度系数较小，对铜的热电动势小，具有抗硫化和耐腐蚀能力，是制作标准电阻器的良好材料。

A．铂铜 B．钯钼 C．金镍铬 D．银锰

12．应变元件用电阻合金的电阻值越高，测量准确度越高，所以合金材料制成的线径很细，一般直径为（ ）mm。

A．0.002 B．0.02 C．0.2 D．2

13．电工仪表中的铜线电阻因温度上升而导致电阻值增大时，可用（ ）电阻合金来抵消，使之得以补偿。

A．铁镍铬钼 B．铁锰铝 C．镍铜 D．铂钨

14．用于工作温度 1 000 ℃以下的中温加热设备，最好选用（ ）电热合金材料。

A．铁铬铝 B．镍铬 C．镍铁 D．以上均可

四、简答题

1．电阻合金的主要功能是什么？

2．调节元件用电阻合金具有什么特点？主要用于什么场合？

3．康铜具有什么特点？

4．精密元件用电阻合金具有什么特点？主要用于什么场合？

5．传感元件用电阻合金具有什么特点？主要用于什么场合？

§3–5　热双金属片、热电偶和弹性合金材料

一、填空题

1．由于热双金属片各层的热膨胀系数不同，当温度变化时，热膨胀系数____的一层产生的形变要大于热膨胀系数____的一层，致使双金属片向热膨胀系数____的一侧弯曲。当热双金属片冷却到______时，它又恢复到原来的状态。

2．热膨胀系数____的一层称为主动层；热膨胀系数____的一层称为被动层。主动层的材料主要有________合金、________合金、________合金和镍等；被动层的材料主要是______合金，镍含量为 34% ~ 50%。

3．热双金属片包括______型、______型、______型、_________型、电阻型、________型和特殊型等。

4．耐腐蚀型热双金属片材料按耐腐蚀措施不同分为____________型、__________型和表面处理型三类。

5．磁致热双金属片既有________性能，又能对________产生反应。

6．热电偶是温度测量仪表中常用的________元件。

7．热电偶包括________热电偶和__________热电偶两大类。

8．常见的标准热电偶材料主要有________、_____、________、______、_______、____等。

9．在热电偶中，用字母“____”表示热电偶的正极，用字母“____”表示热电偶的负极。

10．弹性合金适用于制作精密仪器、仪表中的________元件。

11．弹性合金材料主要有_______合金、_________合金、_______合金、_________合金和铜基弹性合金等。

二、判断题

1．根据热双金属片受热变形产生位移且受到限制时会产生推力这一特性，可将双金属片上的机械能转换成热能。（　　）

2．磁致热双金属片的磁弯曲比热弯曲发生得更快，可用来提高断路器动作的灵敏度。（　　）

3．利用热双金属片制成温度计，可以测量较高的温度。（　　）

4．热电偶把温度信号转换成热电动势信号，并通过电气仪表转换成被测介质的温度。（　　）

5．耐腐蚀弹性合金有时效硬化型和加工硬化型两种。（　　）

6．铜基弹性合金用于制作弹性敏感组件和低导电性的弹性组件。（　　）

7．非标准热电偶在使用范围或数量级上均不及标准热电偶，但有统一的分度表。（　　）

8．恒弹性合金对磁场较敏感，使用温度范围较广。（　　）

9．加工硬化型铜基合金主要依靠冷加工变形后获得弹性。（　　）

10．锌白铜的化学稳定性和加工性好，弹性优于锡磷青铜，但焊接性较差。（　　）

三、选择题

1.（　　）型热双金属片适用于多种用途和中等温度范围，有较高的灵敏度和强度。

A．通用　　B．低温　　C．高温　　D．电阻

2.（　　）型热双金属片适合在 0 ℃以下环境中工作。

A．耐腐蚀　　B．低温　　C．通用　　D．电阻

3.（　　）型热双金属片适合在 300 ℃以上环境中工作，最高工作温度可达 650 ℃。

A．通用　　B．低温　　C．高温　　D．电阻

4.（　　）型热双金属片具有高灵敏度、高电阻等特性。

A．通用　　B．低温　　C．高温　　D．高灵敏

5.（　　）型热双金属片是一种用高导电金属或合金制成的附加层与热双金属组元牢固地结合在一起的制品。

A．通用　　B．低温　　C．高温　　D．电阻

6.（　　）型热双金属片材料均适用于恶劣环境或特定的腐蚀介质，如冷水、热水、蒸气、高湿度空气等的海洋性热带气候或某些工业环境。

A．耐腐蚀　　B．低温　　C．通用　　D．电阻

7．在断路器中，（　　）热双金属片在过载电流感应所产生的磁场作用下将发生磁弯曲，并与由热引起的热弯曲叠加在一起，使断路器更快地断开。

A．磁致　　B．无磁　　C．高强度　　D．高温敏感

8.（　　）热双金属片的磁化率小，感温灵敏度高。

A．磁致　　B．无磁　　C．高强度　　D．高温敏感

9.（　　）热双金属片具有在 10 ~ 150 ℃感温性能很低、而在 150 ℃以上感温性能高及电阻率较低等特性。

A．磁致　　B．低热敏　　C．高强度　　D．高温敏感

10．（　　）双金属片具有热敏感性能和电阻率较低、在 300 ℃以上温度时停止弯曲等特性，可避免在高温下产生过大应变。

A．磁致　　B．低热敏　　C．高强度　　D．高温敏感

11．（　　）热电偶在 300 ℃以下时，其热电动势的均匀性和稳定性好，测温精度高，灵敏度高，有较好的耐腐蚀性，焊接性好。

A．铂铑 13– 铂　　B．镍铬 – 镍硅

C．铜 – 康铜　　D．镍铬硅 – 镍硅

12．（　　）热电偶的测温精度高，热电动势稳定，温度与热电动势有很好的线性关系，材料的熔点高、化学稳定性好，有良好的高温抗氧化性能。

A．铂铑 10– 铂、铂铑 13– 铂　　B．镍铬 – 镍硅

C．铜 – 康铜　　D．镍铬硅 – 镍硅

13．（　　）热电偶的高温强度和塑性好，灵活度高，是 1 800 ℃以上的测温唯一可供使用的热电偶。

A．铂铑 10– 铂　　B．镍铬 – 镍硅

C．铜 – 康铜　　D．钨铼 3– 钨铼 25、钨铼 5– 钨铼 26

14．（　　）热电偶在廉金属热电偶中的综合性能最优，可代替 1 300 ℃以下贵金属热电偶，适用于真空、惰性及氧化性环境中。

A．铂铑 10– 铂、铂铑 13– 铂　　B．镍铬 – 镍硅

C．铜 – 康铜　　D．镍铬硅 – 镍硅

15．铱基合金热电偶材料的测温上限可达（　　）℃，适用于在真空、空气、惰性及弱氧化性环境中测温。

A．100　　B．500　　C．100　　D．2 100

16．（　　）热电偶材料多用于炼钢测温，可测量 2 400 ℃的高温。

A．镍基合金　　B．铱基合金

C．钨 – 铟、钨 – 铼难熔金属　　D．二硅化钨 – 二硅化钼

17．高温高弹性合金的工作温度通常在（　　）℃左右，该合金具有良好的耐腐蚀性。

A．0　　B．100　　C．500　　D．1 000

18．（　　）的强度较高，加工性好，对应力、腐蚀敏感，适用于非腐蚀介质和精度不高的仪表等。

A．黄铜　　B．青铜　　C．白铜　　D．以上均可

四、简答题

1．热双金属片是一种什么材料？主要用于什么场合？

2. 热电偶具有哪些优点？主要用于什么场合？

3. 什么是标准热电偶？

4. 弹性合金具有什么特性？

§3-6 半导体材料

一、填空题

1. 半导体具有______效应、__________效应、______效应和________效应等。
2. 半导体材料是用来制作______________和____________的基本材料。
3. 半导体材料按化学组成及结构和性能分为______半导体、____________半导体、________半导体和有机化合物半导体。
4. 工业上应用最多的元素半导体材料主要有______、______、______。
5. 无机化合物半导体的种类很多，常用的主要有________（GaAs）、________（InP）、______（InSb）、氮化镓（GaN）、碳化硅（SiC）、硫化镉（CdS）等。
6. 有机半导体是一种具有__________特性的有机高分子材料。

二、判断题

1. 元素半导体是指由单一元素组成的具有半导体特性的半导体材料。（　　）
2. 砷化镓是目前应用最广泛的化合物半导体材料。（　　）
3. 聚苯胺是第一个能实际使用的有机半导体材料。（　　）
4. 硅器件的耐高温和抗辐射性能较差，热稳定性不如锗，所以逐渐被锗所取代。（　　）
5. 低阻值的硅单晶主要用来制造整流二极管和可控硅整流器。（　　）
6. 只有高阻值的 P 型单晶硅主要用于集成电路。（　　）
7. 氢化非晶硅及其合金材料可用于低成本太阳能电池和静电光敏感材料。（　　）

三、选择题

1.（　　）半导体材料是非常好的红外材料和光导材料，目前在激光和红外技术领域得到了广泛应用。

A．硅　　B．锗　　C．硒　　D．硫

2．（　　）属于化合物半导体。

A．金刚石　　B．砷化镓　　C．氢化非晶硅　　D．聚苯胺

3．（　　）半导体材料适用于制作发光二极管。

A．硅　　B．砷化镓　　C．硼　　D．碳

4．（　　）是重要的半导体太阳能电池材料。

A．硅　　B．锗　　C．硒　　D．硫

四、简答题

1．什么是半导体的温度效应？

2．什么是光生伏特效应？

3．什么是整流效应？

4．什么是光电导效应？

§3-7 特殊光、电功能材料

一、填空题

1. 光电导材料是指在光照下______急剧增加的材料，主要有______光电导材料、______光电导材料和无定性硅系列光电导材料。

2. 常见的光敏电阻材料有________、________、________、硫化镉、________等，广泛用于制作光敏电阻等均质型半导体光电器件。

3. 光电二极管材料主要有______、______和________等Ⅲ～Ⅴ族化合物半导体，广泛用于制作______二极管。

4. 能把其他能量转变为______能的材料称为发光材料，主要有______发光材料、______材料、________和激光器材料等。

5. 电致发光材料是将______能直接转换成光能的材料，有______电致发光材料和______电致发光材料两大类。

6. 荧光材料分为________荧光材料、________荧光材料和________荧光材料等类型。

7. 常用的激光器材料主要有__________和______等。

8. 压电材料是指受到______作用时会在两端面间出现电压，且具有______性质的材料，主要有______________、____________和高分子压电材料等。

9. 常见的压电晶体主要是______。

10. PTC陶瓷材料具有明显的________敏感特性，主要化学组分是_________（$BaTiO_3$）。

11. 用硒系光电导材料制作的________主要用于复印机和激光打印机。

二、判断题

1. 光电导材料广泛用于静电复印、静电制版、激光打印等领域。（　　）

2. 光敏电阻材料是一类在光照下电导率能发生改变的材料。（　　）

3. 发光二极管最突出的优点是高电压、高电流、高效、使用寿命长和小型化。（　　）

4. 只有以苯环为骨干的芳香族化合物和杂环化合物才能产生荧光。（　　）

5. 磷光体最重要的应用是显示和照明。（　　）

6. 目前使用的晶体激光材料主要是红宝石。（　　）

7. 电压敏感材料是指具有电流、电压非线性特性的材料。（　　）

8. 氧化锌是最重要的压敏陶瓷材料，在电气设备中得到了广泛应用，尤其在过电压保护、高能浪涌的吸收以及高压稳定等方面更为突出。（　　）

9. 负温度系数（NTC）热敏材料广泛用于控温和测温传感器。（　　）

10. 常见湿敏材料主要是钛酸钡。（　　）

三、选择题

1.（　　）光电导材料具有高电阻率、高光电导等特点，耐腐蚀，可重复使用，至今在复印感光体中仍占主流地位。

A．硒系　　B．有机
C．无定性硅系列　　D．以上均可

2.（　　）光电导材料具有灵敏度高、无公害、使用寿命长、可靠性高等特点，是一种非常理想的感光材料，广泛用于复印机和打印机的感光体。

A．硒系　　B．有机
C．无定性硅系列　　D．以上均可

3.（　　）具有直流低电压驱动、高亮度、高发光效率和低成本等特点，可用于制造平板显示器件。

A．有机电致发光器件　　B．无机电致发光器件
C．高场型电致发光器件　　D．以上均可

4．常用的红光 LED 材料有（　　）。

A．GaP ：ZnO 和 GaAsP 系　　B．GaP ：N
C．InGaAlP 系　　D．GaN 系

5．常用的绿光 LED 材料有（　　）。

A．GaP ：ZnO 和 GaAsP 系　　B．GaP ：N
C．InGaAlP 系　　D．GaN 系

6.（　　）不是压电陶瓷。

A．钛酸钡　　B．锆钛酸铅　　C．铌镁酸铅　　D．石英

7.（　　）热敏材料具有温度开关特性。

A．负温度系数（NTC）　　B．正温度系数（PTC）
C．负电阻突变特性（CTR）　　D．以上均可

8.（　　）用于火灾报警器。

A．负温度系数（NTC）　　B．正温度系数（PTC）
C．负电阻突变特性（CTR）　　D．以上均可

9.（　　）材料是电学特性随外力作用而发生显著变化的材料。

A．力敏　　B．湿敏　　C．气敏　　D．热敏

10.（　　）材料是电学特性随湿度变化而发生显著变化的材料。

A．电压敏感　　B．湿敏　　C．气敏　　D．热敏

11.（　　）材料是物理参量随外界气体种类和浓度而变化的敏感材料。

A．力敏　　B．湿敏　　C．气敏　　D．电压敏感

四、简答题

1．什么是热敏材料？主要分为哪三类？

2. PTC 陶瓷材料的电阻率随温度显现了什么样的变化规律？PTC 陶瓷材料主要用于什么场合？

第四章　磁性材料

§4-1　磁性材料的基本特性

一、填空题

1．磁铁两端磁性强的区域称为______。同名磁极相互______，异名磁极相互______。

2．自然界的物质按其导磁性能分为______物质、______物质和______物质。

3．磁滞损耗与磁滞回线的面积成____比。

4．铁磁材料的铁损主要包括________损耗和________损耗两部分。

5．在外磁场中磁化时，磁性材料在磁化方向上会发生伸长或缩短的______伸缩现象。

6．矫顽力是指为了克服______所加的磁场强度。

7．居里温度限制了磁性材料的______温度。

二、判断题

1．磁性是指能吸引铁、钴、镍等物质的性质。（　　）

2．顺磁物质、反磁物质的磁导率与真空磁导率相近。（　　）

3．铁磁物质称为强磁性物质。（　　）

4．各向异性磁性材料的磁性与磁化方向无关。（　　）

5．矫顽力的大小反映了磁性材料保存剩磁的能力。（　　）

6．金属类磁性材料的磁导率与饱和磁感应强度均随温度的升高而升高。（　　）

7．当温度超过某一数值时，磁性材料将失去磁性，而成为反磁物质。（　　）

8．频率升高，会使材料的导磁性能增加，铁芯损耗减少。（　　）

9．在对金属类磁性材料进行机械加工时会产生内应力，此力能使材料的磁导率下降，矫顽力加大，损耗增加。（　　）

三、选择题

1．顺磁物质的相对磁导率（　　）1。

A．稍大于　B．远大于　C．稍小于　D．等于

2．铁磁物质的相对磁导率（　　）1。

A．稍大于　B．远大于　C．稍小于　D．等于

3．（　　）属于铁磁物质。

A．铁　B．银　C．铝　D．空气

四、简答题

1．什么是磁化？

2．什么是居里温度？

§4–2 软磁材料

一、填空题

1．软磁材料是一种既容易______又容易______的磁性材料。

2．电工用纯铁是一种铁含量为______%以上，碳含量极______的软钢。

3．电工用硅钢片适用作______交流电磁器件。

4．电工用硅钢片按制造工艺分为______和______两种，其中，________硅钢片现已基本停产。

5．常用冷轧硅钢片有________硅钢片和________硅钢片两种。

6．铁铝合金具有很高的__________。

7．常用铁氧体软磁材料主要有______铁氧体和______铁氧体。

8．常用的非晶态软磁合金有______非晶合金、______非晶合金和________非晶合金等。

9．磁温度补偿合金是一种居里点一般在__________℃之间，在居里点以下磁感应强度值随温度升高而近似线性地急剧________的软磁材料。

二、判断题

1．软磁材料的磁滞回线很宽。（　　）

2．铁具有饱和磁感应强度高、磁导率高、矫顽力低等特点。（　　）

3．电磁纯铁在直流磁场中铁损太大，只适宜作交流磁路的材料。（　　）

4．电工用硅钢片与电工用纯铁相比，磁导率明显升高，电阻率增大，磁滞损耗减小，磁老化现象得到显著改善。（　　）

5．冷轧无取向硅钢片主要用于制造变压器，冷轧单取向硅钢片主要用于制造电机铁芯。（　　）

6．铁铝合金制成器件的涡流损耗小，质量轻，在某些场合可以代替铁镍合金使用。（　　）

7．铁氧体是一种用陶瓷工艺制作的非金属磁性材料。（　　）

8. 铁氧体矩磁材料的电阻率比金属矩磁材料的电阻率要高得多，涡流损耗极小。 （　　）

9. 磁温度补偿合金能补偿磁路的温度特性，使永磁体磁极间的磁通密度基本保持不变。 （　　）

三、选择题

1.（　　）软磁材料在电气工业中应用最广。

A. 电磁纯铁　　B. 原料纯铁　　C. 电子管纯铁　　D. 铸铁

2. 电信用冷轧单取向硅钢片一般制作得很薄，通常为（　　）mm。

A. 0.2 ~ 0.5　　B. 0.05 ~ 0.2　　C. 0.5 ~ 1.0　　D. 1.2 ~ 2.5

3.（　　）又称坡莫合金。

A. 电磁纯铁　　B. 电工用硅钢片

C. 铁镍合金　　D. 软磁铁氧体

4.（　　）的加工性好，可制作形状复杂、尺寸精确的元件，是仪器、仪表工业中常用的一种高级软磁材料。

A. 电磁纯铁　　B. 电工用硅钢片

C. 铁镍合金　　D. 软磁铁氧体

5. 对铁铝合金软磁材料，下列叙述中不正确的是（　　）。

A. 具有很高的电阻率

B. 在某些场合可以代替铁镍合金使用

C. 制成器件的涡流损耗小，质量轻

D. 是用陶瓷工艺制作的非金属磁性材料

6.（　　）软磁材料适用于几千赫兹到几百兆赫兹的频率范围，初始磁导率高，磁导率随温度变化小。

A. 铁氧体　　B. 铁铝合金　　C. 铁镍合金　　D. 电工用硅钢片

7.（　　）软磁材料的饱和磁感应强度最高，适用于制作质量轻、体积小的空间技术用器件。

A. 铁氧体　　B. 铁铝合金　　C. 铁镍合金　　D. 铁钴合金

8.（　　）软磁材料有很高的居里温度（980 ℃），适合在高温环境下工作，此外，其还具有很高的饱和磁致伸缩系数。

A. 铁氧体　　B. 铁铝合金　　C. 铁镍合金　　D. 铁钴合金

9.（　　）软磁材料在相当宽的磁感应强度、一定宽度的温度和频率范围内的磁导率基本不变。

A. 铁氧体　　B. 铁铝合金

C. 恒导磁合金　　D. 高硬度高电阻高磁导合金

10.（　　）适用于制作录音机和磁带机磁头芯片以及微电机、变压器、传感器、磁放大器等各种高频电感元件的铁芯。

A. 铁氧体　　B. 铁铝合金

C. 恒导磁合金　　D. 高硬度高电阻高磁导合金

四、简答题

1．软磁材料具有什么特点和用途？

2．在弱磁场下，铁镍合金具有什么特点？主要用于什么场合？

3．软磁铁氧体与金属软磁材料相比具有什么特点？

4．高硬度高电阻高磁导合金具有什么特点？

§4-3 硬磁材料

一、填空题

1．硬磁材料是一种不容易______的材料。

2．铝镍钴合金永磁材料分为______铝镍钴合金永磁材料和____________铝镍钴合金永磁材料两类。

3．塑性变形硬磁材料具有良好的______性，易于进行________加工。

4．常见的黏结永磁材料有______________和______________两类。

5．磁滞合金材料的磁特性介于________材料和________材料之间，磁性能比较接近________材料。

二、判断题

1．硬磁材料的磁滞回线很宽，常用作磁源，适宜制造永久磁铁。（　　）

2．铸造铝镍钴合金永磁材料是电机工业中应用较为广泛的一种永磁材料。（　　）

3．各向同性铝镍型和铝镍钴型永磁材料适用于制造体积大或具有多对磁极的永磁体。（　　）

4．热磁处理各向异性铝镍钴型永磁材料适用于制造尺寸较大或体积较大的永磁体。（　　）

5．粉末烧结铝镍钴合金永磁材料适用于制造体积小或要求工作磁通均匀性高的永磁体。（　　）

6．铁氧体硬磁材料是一类金属永磁材料，在许多场合已逐渐代替了铝镍钴合金。（　　）

7．稀土钴硬磁材料的矫顽力是铁氧体的 3 ~ 4 倍，易受外磁场的影响。（　　）

8．塑性变形硬磁材料是一种非金属硬磁材料。（　　）

三、选择题

1．稀土钴硬磁材料的剩磁与（　　）硬磁材料相当，适用于制造微型或薄片状永磁体。

A．铁氧体　　B．钕铁硼合金

C．铝镍钴合金　　D．塑性变形

2．（　　）具有很大的矫顽力和最大磁能积，价格很高，适用于制造有特殊要求的微型永磁体。

A．永磁钢　　B．铁钴钼型合金

C．铁钴钒型合金　　D．铂钴合金

3．（　　）除用作特殊形状的永磁体外，还可在某些场合代替铝镍钴合金。

A．永磁钢　　B．铁钴钼型合金

C．铁铬钴型合金　　D．铂钴合金

4．（　　）硬磁材料的磁性能是目前的永磁材料中最高的。

A．钕铁硼合金　　B．稀土钴

C．铝镍钴合金　　D．铁氧体

5．（　　）硬磁材料适用于对磁性和力学性能有特殊要求及特殊形状的永磁体。

A．铁氧体　　B．钕铁硼合金

C．磁滞合金　　D．塑性变形

6．与普通发电机相比，采用钕铁硼合金磁体的永磁发电机，在相同输出功率的情况下，整机的体积和质量可以减少（　　）% 以上。

A．10　　B．20　　C．30　　D．40

7．（　　）硬磁材料是目前产量最大、应用较广泛的硬磁材料。

A．铁氧体　　B．钕铁硼合金

C．稀土钴　　D．塑性变形

四、简答题

1. 硬磁材料具有什么特点？适宜制造什么电磁元件？

2. 什么是黏结永磁材料？它与烧结或铸造磁体相比具有什么优点？

第五章　其他电工材料

§5-1　钎料、钎剂和清洗剂

一、填空题

1．电气工程中的焊接主要是____焊。

2．熔化温度高于 450 ℃的钎料称为____钎料。

3．钎料型号中第一部分用一个大写英文字母表示钎料的类型：首字母“S”表示____钎料，“B”表示____钎料。

4．软钎料型号 S-Sn63Pb37，表示一种含____63%、含____37% 的软钎料。

5．常用的铜基钎料有________（黄铜）钎料和______钎料。

6．银基钎料是以________合金为基材的钎料，熔点为__________℃。

7．铝用软钎剂在钎焊时会产生大量白色、有______性和______性的浓烟，钎焊操作时必须注意________。

8．常用的清洗剂有___________、________和三氟三氯乙烷等。

9．当用松香酒精助钎剂与锡铅钎料焊接工件时，应先用______清洗工件，然后再用______清洗。

二、判断题

1．熔化温度高于 450 ℃的钎料称为高温钎料。（　　）

2．无铅焊料是以 Sn-Ag、Sn-Zn、Sn-Bi 为基体，添加适量其他金属元素组成的合金。（　　）

3．硬钎剂是指在 950 ℃以上钎焊用的钎剂。（　　）

4．铜锌钎料和铜磷钎料都属于易熔焊料，其熔点和强度都较低。（　　）

5．铜磷钎料可以钎焊铜和黄铜，但不能钎焊钢。（　　）

6．铜磷钎料突出的优点是钎焊紫铜时不需要助钎剂。（　　）

7．银基钎料常用于焊铜、不锈钢、硬质合金等除低熔点外的绝大多数黑色金属及有色合金的钎焊。（　　）

8．熔融钎剂的残渣不应对钎焊金属和钎缝有强烈的腐蚀作用，钎剂挥发物的毒性小。（　　）

9．无水酒精主要用于焊后清洗。（　　）

10．有机钎剂的钎焊热源不允许直接与钎剂接触。（　　）

11．铝用硬钎剂中的氟化物可以去除铝表面的氧化物。（　　）

12. 有机软钎剂对焊件几乎没有腐蚀性。 ( )

三、选择题

1. 熔化温度低于（ ）℃的钎料称为软钎料。

A. 100 B. 250 C. 450 D. 950

2. 下列（ ）材料是软钎料。

A. 铝基 B. 银基 C. 铜基 D. 锡基

3. 下列（ ）材料是硬钎料。

A. 铅基 B. 锌基 C. 铜基 D. 锡基

4. 下列（ ）钎料不能钎焊钢。

A. B-Cu93P B. B-Cu54Zn

C. B-Cu62ZnNiMnSi D. B-Cu58ZnMn

5. 下列（ ）钎料适用于钎焊硬质合金刀具。

A. B-Cu48ZnNi-R B. B-Cu54Zn

C. B-Cu62ZnNiMnSi D. B-Cu58ZnMn

6. 硬钎剂的黏度大，活性温度相当高，必须在（ ）℃以上使用，并且钎剂的残渣难以清除。

A. 200 B. 600 C. 800 D. 1 200

7. 有机钎剂的钎焊温度不得超过（ ）℃。

A. 275 B. 450 C. 950 D. 以上均可

8.（ ）主要用于清洗高档仪器仪表。

A. 无水酒精 B. 汽油

C. 三氟三氯乙烷 D. 以上均可

四、简答题

1. 什么是钎焊？

2. 焊锡具有什么特点？适用于什么场合？

3. 铜锌钎料具有什么特点？适用于什么场合？

4．钎剂的主要作用是什么？

5．在焊前和焊后使用清洗剂的目的是什么？

§5-2　常用胶黏剂

一、填空题

1．胶黏剂按来源可分为________胶黏剂和______胶黏剂，现在主要使用______胶黏剂。

2．胶黏剂由________、____________、____________、____________、填料及其他辅助材料组成，但并不是每种配方都全部需要这几种材料。

3．增塑剂可提高胶黏剂的______性和________性，但其抗拉强度、刚度和软化点会有所下降。

4．填料提高了胶黏剂的________、强度、耐热性、__________、导热性和耐磨性，也增加了胶黏剂的________。

5．胶黏剂按胶料的主要化学成分可分为______胶黏剂和______胶黏剂两大类。

6．合成有机胶黏剂分为________型、________型、________型胶黏剂等。

7．三醛胶是指________树脂胶黏剂、________树脂胶黏剂和________________树脂胶黏剂。

8．单组分电子灌封胶为中温固化单组分________灌封胶。

9．热胶为______温固化单组分环氧胶黏剂。

10．有机硅胶黏剂按分子结构分为________型和________型两类。

11．聚氨酯胶黏剂俗称“____________”。

12．导电胶是一种固化或干燥后具有一定______性能的胶黏剂。

二、判断题

1．固化剂的选择应根据胶黏剂的基料品种和性能不同而定。（　　）

2．选择稀释剂时应注意选择与基料有良好相容性的物质。（　　）

3．填料主体材料发生化学反应，可以改变其性能和降低成本。（　　）

4．改性剂是为了改善胶黏剂某一方面的性能，以满足特殊要求而加入的一些组

分，如为增加胶接强度，可加入偶联剂，还可以加入防腐剂、防霉剂、阻燃剂和稳定剂等。（ ）

5．酚醛树脂胶黏剂具有优异的胶接强度，耐水、耐热、耐磨且化学稳定性好，用量仅次于脲醛树脂胶黏剂。（ ）

6．在电力系统中，丙烯酸酯胶常用于电力充油设备的快速堵漏。（ ）

7．α- 氰基丙烯酸酯胶黏剂的黏结速度非常快，在数秒内即可完成。（ ）

8．ab 环氧胶不能用于电子元器件的黏结固定。（ ）

9．环氧树脂胶黏剂也被称为“万能胶”。（ ）

10．导电胶适用于电子元件小型化、微型化及印制电路板高密度化、高集成化的黏结，但不能代替铅锡焊接。（ ）

三、选择题

1．（ ）是赋予胶黏剂胶黏性的根本材料。

A．基料　B．固化剂　C．增塑剂　D．稀释剂

2．（ ）能使基料固化硬接。

A．固化剂　B．增塑剂　C．稀释剂　D．填料

3．（ ）是提高胶黏剂的柔韧性，增进熔融流动性的物质。

A．基料　B．固化剂　C．增塑剂　D．稀释剂

4．（ ）主要用于降低胶黏剂的黏度，提高浸润能力，有利于胶黏工艺。

A．固化剂　B．增塑剂　C．稀释剂　D．基料

5．（ ）树脂胶黏剂固化后胶层无色，工艺性能好，成本低廉，具有优良的胶接性能和较好的耐湿性，是木材工业中使用量最大的合成树脂胶黏剂。

A．脲醛　B．酚醛

C．三聚氰胺甲醛　D．以上均可

6．（ ）简称“白乳胶”或“白胶”，适用于电玉粉制品、陶瓷制品、木材、混凝土构件的黏结。

A．三醛胶　B．聚醋酸乙烯乳液胶黏剂

C．丙烯酸酯胶黏剂　D．环氧树脂胶黏剂

7．（ ）干燥成型迅速，透明性好，对多种材料具有良好的黏结性能和好的耐候性、耐水性、耐化学药品性。

A．三醛胶　B．聚醋酸乙烯乳液胶黏剂

C．丙烯酸酯胶黏剂　D．环氧树脂胶黏剂

8．（ ）即常用的 501 胶、502 胶、504 胶，具有优良的电气性能、耐老化性能和耐溶剂性能。

A．α- 氰基丙烯酸酯胶黏剂　B．聚醋酸乙烯乳液胶黏剂

C．丙烯酸酯胶黏剂　D．环氧树脂胶黏剂

9．（ ）是一种胶接性能好、耐腐蚀，且绝缘性能和力学强度都很高的热固性树脂，对金属和非金属都有很好的胶接效果，适用于电子元件的密封。

A．三醛胶　B．聚醋酸乙烯乳液胶黏剂

C．丙烯酸酯胶黏剂　　D．环氧树脂胶黏剂

10．对 ab 环氧胶，下列叙述中不正确的是（　　）。

A．ab 环氧胶是一种单组分快速固化透明环氧树脂胶黏剂

B．ab 环氧胶固化后黏结强度高，硬度较好，有一定的韧性

C．ab 环氧胶固化物耐酸碱性能好，防潮防水、防油防尘性能佳，耐湿热和大气老化

D．ab 环氧胶具有良好的绝缘、抗压性能，黏结强度高

11．（　　）是单组分环氧树脂黑胶，具有优秀的黏结强度、电气特性和防潮性。其在使用时需调入稀释剂，硬化后表面成型好，主要用于 IC 等的封装。

A．热胶　　B．冷胶　　C．ab 环氧胶　　D．白胶

12．对氯丁橡胶胶黏剂，下列叙述中不正确的是（　　）。

A．氯丁橡胶胶黏剂可室温冷固化，初黏力很大，强度建立迅速，黏结强度较高，综合性能优良

B．氯丁橡胶胶黏剂的用途极其广泛，能够黏结橡胶、塑料、玻璃、陶瓷、金属等多种材料

C．氯丁橡胶胶黏剂有“万能胶”之称

D．XY-401 胶也称玻璃胶

四、简答题

1．单组分电子灌封胶具有什么特点？适用于什么场合？

2．热胶（邦定胶）具有什么特点？适用于什么场合？

3．聚氨酯胶黏剂具有什么特点？适用于什么场合？

4．有机硅胶黏剂具有什么特点？适用于什么场合？

§5-3 润 滑 剂

一、填空题

1．电气工程中常用的润滑剂有润滑______、润滑______等。

2．电气工程中常用的润滑油有________________油、______油和______油等。

3．齿轮油分为________齿轮油和________齿轮油。

4．轴承油是 L 类润滑剂 F 组用油，有__________型和__________型之分。

5．电机常用的润滑剂是__________。

6．润滑脂习惯上称为______油或______油。

7．润滑脂应用非常普遍，特别是用于____________。

二、判断题

1．润滑油是液体润滑剂，一般是指矿物油与合成油，尤其是矿物润滑油。（ ）

2．润滑油的内摩擦力小，高温、高速下仍具有良好的润滑作用。（ ）

3．齿轮油一般是在精制矿物油或合成油的基础上加入相应的添加剂制成的。（ ）

4．L-AN 油不适用于循环润滑系统。（ ）

5．润滑脂是由基础油液、稠化剂和添加剂在高温下合成的，润滑脂也可以说是稠化了的润滑油。（ ）

6．添加润滑脂时应与原牌号相同，不同型号的润滑脂不能混用。（ ）

三、选择题

1．全损耗系统润滑油主要是指 L 类润滑剂中的（　　）组用油。

A．A　　B．B　　C．C　　D．F

2．（　　）工业闭式齿轮油产品适用于一般轻负荷的齿轮润滑。

A．L-CKB　　B．L-CKC　　C．L-CKD　　D．L-CKT

3．对润滑脂，下列叙述中不正确的是（　　）。

A．润滑脂是稠化了的润滑油

B．润滑脂的流动性差，不易流失或飞溅，加入后很长一段时间不用再加注，减少了维护工作量

C．润滑脂的密封复杂，以防止外界灰尘进入摩擦副

D．润滑脂的散热能力和输送能力差，受污染后不易净化

4．润滑点的工作温度超过润滑脂的温度上限后，温度每升高（　　）℃，润滑脂的使用寿命减少一半。

A．1 ~ 5　　B．10 ~ 15　　C．50 ~ 55　　D．100 ~ 105

四、简答题

1．什么是润滑剂？

2．轴承油主要适用于什么场合？

3．什么是润滑脂？